벤 바레스

The Autobiography of a Transgender Scientist
by Ben Barres
Foreword by Nancy Hopkins

벤 바레스

Ben Barres

어느 트랜스젠더 과학자의 자서전

The autobiography of a transgender scientist

벤 바레스 지음 | 낸시 홉킨스 서문 | 조은영 옮김 | 정원석 감수

해나무

| 일러두기 |

1. 책과 장편, 잡지의 제목은 『 』로 묶었고, 단편 · 시 · 논문 · 기사명은 「 」로, 영화 · 방송 · 신문명은 〈 〉로 묶었다.
2. 이 책에는 신경과학에 대한 이해를 돕기 위해 '비전문가들을 위한 간단한 용어 설명'(258~263쪽)이 실려 있다.

차례

_낸시 홉킨스(MIT 생물학과 교수)

많은 이들이 진작부터 벤 바레스에게 그의 남다른 삶을 책으로 써보라고 권했으나 벤은 책을 쓸 시간이 없었다. 그러다가 2016년 3월 30일, 그에게서 가슴 아픈 이메일이 왔다.

제목: 좀 슬픈 소식

낸시에게

방금 진단을 받았는데 진행성 췌장암이래. 기껏해야 몇 달밖에 안 남은 모양이야. 전이가 됐다고 하네. BRCA2

유전자 돌연변이 때문에 암에 걸릴 확률이 높았잖아. 그래도 PARP 억제제 같은 화학 치료를 받으면 1년 넘게 사는 경우도 있나 봐… 지금 스탠퍼드 병원이야. 종양 때문에… 심근경색이 왔거든. 나, 진짜 많이 아픈가 봐.

벤은 2017년 12월 27일에 세상을 떠났다. 암으로 진단받은 이후 21개월 동안 벤은 시간을 내서 이 책을 썼다. 그리고 여전히 연구실을 운영하고 논문을 내고 학생과 연구원을 지도하고 자신이 죽은 다음 이들이 제 길을 가는 데 차질이 없도록 추천서를 고쳐 썼다. 화학요법과 실험적 암 치료를 받는 중간중간에 강연을 하러 하와이에 다녀오고, 이공계 분야에서 여성과 소수자, 그리고 성 소수자를 옹호하는 일을 계속했다. 또 그의 삶을 기리고자 300명이 넘는 학생과 동료가 준비한 과학 심포지엄에 하루 종일 참가했고, 학생들을 데리고 한 번 더 해리포터 영화를 보러 갔으며, 자전거를 타고 팔로알토 언덕을 달렸다. 더불어 벤은 여전히 사람들과 엄청난 양의 이메일을 주고받았다. 나는 벤이 아프다는 사실을 알게 된 이후로 그의 이메일을 지우지 않았다. 내 컴퓨터에는 총 496통의 벤의 이메일이 저장되어 있다. 이 중에서 그의 솔직

함과 열린 시선이 잘 드러나고, 또 벤 특유의 목소리가 그대로 들리는 듯한 이메일 몇 통을 많은 이들과 함께 공유하고자 한다.

벤이 살아온 삶의 굵직한 이야기는 이미 여러 사람들에게 잘 알려졌다. 여자로 태어나 어려서 과학과 사랑에 빠지고 MIT를 졸업하고 다트머스 의학대학원에서 의사가 된 것으로도 모자라 하버드 의학대학원에서 박사학위를 받고 런던에서 박사 후 연구원 생활을 한 것은 바바라 바레스였다. 모든 교육과 수련 단계를 성공적으로 마친 바바라는 1993년에 스탠퍼드 대학교 신경생물학과 교수가 되었다. 그러나 바바라는 만 43세에 남성으로 성전환하여 벤이 되었다. 이후 벤은 스탠퍼드 신경생물학과 학과장 자리에까지 올랐다.

과학에 대한 걷잡을 수 없는 열정이 벤을 이끌었다. 벤은 신경과학 분야에서 그의 연구팀과 함께 밝혀낸 사실들로 유명했다. 인간의 뇌세포는 신경세포(뉴런) 외에도 신경아교세포라는 세포가 절반 이상을 차지한다. 그러나 신경아교세포는 뇌에서 메시지를 전달하는 뉴런의 매력에 좀 더 호의적인 과학자들에 의해 오랫동안 무시되었다. 벤은 신경아교세포가 뇌의 기능에 중요한 일부를 담당한다고 확신하고 이를 연구하기로 마음먹었다. 그리고 수십 년 동안 신경아교세포의 결정적인 역할을 밝혀내어 과학계에 커다란 유산을 남겼을 뿐 아니라 자신과 함께 이 분야를 실질적으로 일으키고 오늘날까지 발전시킨 젊은 과학자 수십 명의 길을 닦아놓았다.

벤은 이렇게 대단한 과학자가 아니었더라도 젊은 과학자들의 멘토이자 지지자로서도 의학 연구에 지대한 영향을 주었을 것이다. 엘리트 과학은 대단히 경쟁이 심한 분야이고 교수들은 학생과 연구원에게 엄청난 힘과 영향력을 행사한다. 박사 과정 학생과 박사 후 연구원들은 자기 밑에서 훈련을 받는 이들의 경력보다 자신의 이력서를 채우는 데 급급한 교수들에 의해 치이고 억눌린 생활을 한다. 벤은 일부 교수의 이런 행동을 가차 없이 비판했다. 벤에게 과학과 연구란 함께 나눠야 할 특권이자 기쁨이었다. 벤에게 자신의 연구실 멤버들은 가족이자 자식이었고 이들의 성공은 자신의 성공보다 중요했다. 벤은 과학계에 몸담은 이들이 훌륭한 선생이자 배려심 깊은 지도자가 되도록 교육했고 필요하다면 다그치고 질책했다. 그는 이 주제로 잘 알려진 두 편의 글을 썼다. 그중 하나의 글에서는 학생들에게 지도교수 찾는 법을 조언했고, (자신이 죽어가고 있다는 걸 안 이후에 쓴) 다른 글에서는 교수들에게 자기 학생과 경쟁하지 말고 관대한 마음으로 젊은 과학자들이 자신이 찾아낸 결과를 들고 독립적인 길을 걸어가게 배려하라고 강하게 설득했다.

그러나 놀랍게도 벤은 그가 이룬 과학적 업적이나 예술적 경지에 오른 멘토링 때문이 아니라 과학계에서 여성을 옹호한 것으로 더 유명하다. 우리가 친구가 된 것도 나 역시 여성을 대표해 여성 과학자를 옹호하는 생물학자였기 때문이다.

벤이 일으킨 파장을 이해하려면 바버라와 벤 시대에 여성이 과학계에 진출하기까지의 역사를 알아야 한다. 또한 공평한 경쟁의 장을 만들기 위한 벤의 고군분투 과정을 이야기하려면, 벤만의 전무후무한 설득 방식을 드러내는 일화들을 빼놓을 수 없다. 우선 약간의 역사부터.

1972년, 대학에 입학했을 때 바버라 바레스는 오늘날의 젊은 여성들과 다름없이 자신이 성차별을 겪으리라고는 전혀 생각하지 못했다. 1964년에 발효된 민권법과 적극적 우대조치, 그리고 1960년대 말과 1970년대 초에 일어난 여성해방 운동이 이 문제를 잘 처리하고 있었다. 게다가 과학은 실력을 중시하는 학문 분야였고 바버라는 실력 있는 학생이었다. 그럼에도 바버라는 때로 납득할 수 없는 경험을 했다. MIT 학부생 시절, 바버라는 한 수업에서 비정상적으로 어려운 수학 문제를 풀어낸 유일한 학생이었지만, 교수는 그녀에게 점수를 주지 않았고 오히려 남자친구가 대신 문제를 풀어준 것 아니냐며 바버라의 부정행위를 비난했다. 그러나 바버라에게는 남자친구가 없었다. 교수의 행동은 이해할 수 없을뿐더러 참을 수 없이 부당했지만 그럼에도 바버라는 이것이 성차별이라는 걸 느끼지 못했다. 교수의 입장에서 바버라 바레스는 속임수를 써야만 문제를 풀 수 있는 **여**학생이었다. 당시에는 모두가 "여자는 수학을 못 한다"라고 생각했는데, 달리 뭐라고 할 수 있었겠는가.

바버라보다 10년 정도 먼저 공부를 마치고 이공계로 진출한 여성들은 이처럼 불공평한 상황을 인식하기 시작했다. 이들은 이것이 오늘날에 '무의식적 성 편견'이라고 알려진, 과거에 인지되지 못한 형태의 편견과 차별의 근간임을 알게 되었다. 심리학계에서는 이미 대조실험을 통해 이러한 편견을 발견했지만, 대부분의 여성 과학자들은 이를 경험으로 느꼈다. 이러한 사실은 1990년대에 들어와 비로소 드러나기 시작했고 과학계를 충격에 빠뜨렸다.

1997년에 두 명의 스웨덴 여성 과학자가 소송을 거쳐 권위 있는 박사 후 과정 연구비 지원 프로그램 기록을 확보했는데, 여성이 선발되려면 남성보다 2.5배나 실적이 많아야 했다. 1999년에 MIT 총장은 내가 의장을 맡았던 위원회의 보고서를 승인했는데, 똑같이 정년이 보장된 종신직이라도 여성 과학자가 성취도가 비슷하거나 심지어 낮은 남성 과학자보다 연봉도 낮고 지원도 적게 받으며 수상 경력도 많지 않다는 내용의 문서였다. 곧 많은 대학에서 비슷한 조사 결과를 보고했다. 버지니아 밸리언Virginia Valian의 『왜 이리 느린가?Why so slow?』(1998)는 같은 업적이라도 여성이 해냈을 때 가치가 낮게 평가된다는 것을 보여주는 심리학자들의 연구를 요약한 책으로, 여성의 경험을 보다 설득력 있게 설명했다.

그렇다면 바바라 바레스는 어땠을까? 1990년대까지 바바라 역시 이해하기 힘든 불공평한 경험을 쌓아오면서 성 편견을 입증하는 반박할 수 없는 증거를 모았을 것이다. 대단히 성공한 여성 과학자가 된 바바라는 벤으로 성전환했고 사람들이 자신을 남자와 여자 중 누구로 생각하느냐에 따라 자신의 과학적 가치가 달라진다는 것을 우리 가운데 그 누구도 경험하기 힘든 방식으로 알게 되었다. 성전환을 하고 얼마 되지 않아 세미나 발표를 한 자리에서 벤은 우연히 한 참석자가 이렇게 말하는 것을 들었다. "벤 바레스의 오늘 세미나는 훌륭했어. 이 사람 연구가 여동생보다 훨씬 낫네." 과학계에서 여성의 권리를 옹호하는 급진적인 운동가는 이렇게 탄생했다.

벤과는 전혀 다른 길을 걸어간 운동가는 하버드 대학교 총장인 래리 서머스Larry Summers였다. 2005년, 이공계에서 여성의 과소재현에 대한 해결책을 논의하기 위해 전문가들이 모인 학회에서 서머스는 여성이 과소재현되는 이유는 무의식적 성 편견 때문이 아니라고 주장하면서 여성은 일보다 가족을 우선시하고 더 나아가 본질적으로 하버드 대학교의 이공계 교수 자리를 차지할 능력이 부족하다는 가설을 제기했다. 한 마디로 여성은 애초에 유전적으로 열등하다는 것이다. 도발적인 이단자로 잘 알려진 서머스는 1990년대의 주요 과학 발견들을 간과한 채 사회 안에서 인간 집단의 다양성을 설명하는 가장 오래되고도 여전히 과학적으로 뒷받침되지 못하는 구태의연한 이론에 사로잡혀 있었다. 유전자 말이다.

서머스의 발언이 가져온 충격의 여파가 수십 년간 이런

그릇된 믿음과 신념이 가져온 파괴적인 결과와 맞서온 전문직 여성 과학기술인들 사이에 퍼졌다. 서머스의 발언은 몇 달 동안 화제가 되었다. 여성들은 혹여 소수라도 영향력 있는 다른 과학자들이 서머스의 편을 들고 나선다면 힘겹게 이루어온 여성의 진보가 무너질 수도 있다는 걸 알았다. 여성이 높은 수준의 수학과 과학 분야에서 남성을 능가하지 못한다는 믿음은 어떤 신뢰할 만한 증거로도 뒷받침되지 못한다. 이 사실을 대중에게 설명할, 흠 잡을 데 없는 자격을 갖춘 과학자가 절실히 필요했다.

2006년에 벤은 유명한 과학 저널 『네이처*Nature*』에 「성별이 문제가 되는가?Does gender matter?」라는 제목의 글을 실었다. 벤은 자신의 개인사, 심리 연구에 관한 해박한 지식, 뇌를 연구하는 데 바친 일생, 언론 및 학문의 자유에 관한 완벽한 인지의 힘을 빌려 강력한 어조로 이렇게 물었다. "명문대 총장님께서 공개적으로 '여성은 날 때부터 열등하다'라고 선언할 생각이시라면, 적어도 그 근거가 되는 데이터를 요구해도 지나친 것은 아니겠지요?"

벤의 글은 남녀가 평등한 세상으로 가는 길 위에 세워진 지적인 역작이자 이정표로서 21세기로 넘어가는 시기에 우리가 서 있는 곳이 어디인지 보여주었으며, 전 세계 주요 신문, TV 뉴스 프로그램, 저널 등에서 앞다투어 다루면서 순식간에 퍼져나갔다. 그러나 이는 운동가로서 벤이 쌓은 경력의 시작일 뿐이었다. 같은 글에서 벤은 성 편견이 여성의 진로와 경력에 미치는 영향을 최소화하기 위해 과학 연구 기관이 어떻게 바뀌어야 하는지를 구체적으로 제시했다. 벤은 수많은 목표를 세우고 달성한 1인 게릴라 군대가 되었고 다음과 같은 일들을 성공적으로 해냈다.

- 미국 국립보건원NIH이 권위 있는 선구자 상Pioneer Award의 수상자를 선정하는 절차를 개정했다(초기에는 거의 남성으로 이루어진 위원회에서 거의 전적으로 남성을 수상자로 선정하였다).
- 하워드휴스의학연구소의 연구자 후보 지명 과정을 개정했다(과거에는 우연치고 신기하게도 여성이 거의 후보에 오른 적이 없다).
- 스탠퍼드 대학교 교무처장과 함께 비종신직 교수를 위한 육아 지원 프로그램을 도입했다.
- (일부) 과학 학회에서 참석자에게 학회장에서 다른

참석자를 성적으로 희롱하지 않을 것이며 만일 그런 불미스러운 일이 일어난 경우 이후 학회 참가가 금지된다는 서약에 의무적으로 동의하게 했다.

교수진의 옳지 않은 행동을 통제하지 못한 대학 총장, 세미나 강연자로 여성을 거의 초청하지 않은 학회 조직위원과 교수진, 여성 과학자의 초상화를 남성 과학자와 나란히 전시하지 않은 기관들을 대상으로, 벤은 자신의 설득 기술을 연마하고 이들이 어떤 식으로 바뀌어야 하는지 명확한 지침을 제시했다.

어떻게 한 개인이 기관을 상대로 정책을, 개인을 상대로 행동을 바꾸도록 설득할 수 있었을까? 여기에는 벤이 과학계에 미치는 영향력, 자신이 옹호하는 사람들로부터 이득을 취하지 않는 것은 물론이고 이런 행동으로 오히려 자신의 경력에 흠집이 생기는 위험을 감수한다는 사실, 그리고 당연히 그가 논쟁의 '옳은 편'에 서 있다는 점이 모두 기여했다. 그러나 벤이 나에게 보낸 이메일에서 엿볼 수 있듯이 그의 개인적인 스타일과 집요함이 근본적으로 한몫을 차지했다.

친애하는 귀하,

저 따위 강연자 목록을 보내면서 나를 초청하다니 진짜 배짱도 두둑하십니다.
귀하가 초청한 35명의 강연자 중에 여성이 한 명뿐이라니요??!
귀하의 학교가 지구에 남은 마지막 학교라고 해도 난 가지 않을 겁니다. 여성은 남성만큼 과학을 못할 것 같습니까? 그럼 당신이 지도하는 학생과 연구원의 절반을 차지하는 여성들은(남성은 말할 것도 없고) 어떻습니까? 정말 그들한테 남자만이 세미나에 초청할 가치가 있다고 가르칠 생각입니까?
귀하가 신경아교세포에 대한 진짜 제대로 된 강연을 듣고 싶다면 저 대신 우리 연구실 출신 여성 과학자…[벤은 여기에 여성 3명의 이름을 댔음]을 초청하십시오. 이들 중 누굴 불러도 아주 멋지게 강연할 테니까요. 그리고 보아하니 당신네 과는 교수진도 별로 다양한 것 같지 않더군요(총 17명 중에 여교수가 고작 1명?????!!!). 네덜란드는 훌륭한 나라인 줄 알았는데 이제 보니 제가 잘못 생각한 것 같군요.

오늘은 당연히 귀하의 초청을 거절하겠지만 이런 말도 안 되는 방식을 뜯어고친다면 5~10년 뒤에는 한 번쯤 고려해보겠습니다. 물론 기대하지는 않습니다만. 당신네 과는 정말 썩을 대로 썩었군요.

다시는 저를 부르지 마십시오.

벤

이런 살벌한 공격을 받은 상대는 대개 침묵이나 분노로 대응할 테지만, 이 경우엔 벤에게 다음과 같은 답변을 보냈다.

이처럼 대단히 중요한 사안에 대해 귀하는 얼마든지 화를 내도 좋습니다. 사실 네덜란드는 서방 국가들 중에 대학 내 여성 교수 그리고 기업체 내 여성 간부의 비율에 있어서 최악의 기록을 보유하고 있습니다. 네덜란드에 도착한 직후, 저는 이 문제를 우리 의과대학 학장과 구체적으로 논의했습니다. 정말 갈 길이 멀군요… 귀하의 반대 의사를 충분히 존중하고 완벽하게 인정합니다… 다만 귀하의 답신에 관해 학과 교수들 및 대학 행정처와 반드시 논의할 거라는 점은 알아주십시오. 이 용납할 수 없는 현재의 기준과 결과의 심각성을 그들이 이해하도록 말입니다. 더 나아가 저는 여성의 대표성을 개선하기 위해 한층 더 노력할 것을 반드시 약속합니다. 그럼 이만.

2015년 벤은 학회에서 일어나는 성희롱에 대해 특히 분개했고 학회 조직 위원회에 그러한 행동을 예방하는 규정을 마련하도록 요청하기 시작했다. 또한 미국 국립보건원이 직접 나서 국립보건원이 후원하는 학회에서부터 이러한 규정을 의무화한다면 더 효율적일 것이라 생각하고는 국립보건원 원장에게 편지를 썼다. 다음은 벤이 원장에게 보낸 가장 전형적인 이메일이다.

2016년 1월 16일

친애하는 콜린스 박사님,

대단히 죄송하지만 저는 지난 1~2년간 원장님께 여러 차례 이메일로 국립보건원이 학회에서 여학생과 여성 연구원들을 성희롱으로부터 보호하는 일에 앞장서주실 것을 부탁드렸습니다. 그러나 원장님께서는 답신을 주지 않으셨고 아무 조치도 취하지 않으셨습니다. 전 정말 원장님께 매우 화가 납니다. 제가 부탁드린 것은 단지 국립보건원이 학회(고든 연구학회, 키스톤, 콜드스프링하버 등)에 기금을 대기 전에 학회 본부가 성희롱 정책을 마련하게 강제해달라는 겁니다. 학회장에서 할 일이라고는 학회 참석자들이 등록할 때 교수가 학생이나 연구원들에게 성관계를 목적으로 접촉하는 것이 허용되지 않고 그런 부적절한 행동을 한 참석자는 향후 학회 참석을 금지당한다는 규정에 동의하는 서명을 받는 것뿐입니다.

원장님, 원장님의 품위는 어디에 있습니까? 원장님께서는 단 한 번이라도 여학생이나 여성 연구원들과 이 문제에 관해 이야기해보신 적 있으십니까? 이들은 학회에 참가할 때마다 이런 '수작질'을 끊임없이 당해왔습니다. 전에도 말씀드린 바가 있지만, 예순 살이나 먹은 한 유명한 노교수는 지금까지 학회에서 200명의 학생, 연구원들과 잤다고 떠벌리고 다닙니다. 어느 학생은 최근에 학회장에서 자신이 발표한 포스터에 대해 한 중견 과학자와 멋진 대화를 나누었다고 생각했는데 마지막에 자기 손바닥에 호텔 방 번호를 적고 가더라는 얘기를 하더군요.

전 제 학생들이 더는 이런 꼴을 당하지 않기를 바랍니다. 학회에서 간단히 서명만 받으면 되는데 그게 그렇게 어려운 일입니까? 국립보건원과 학회 입장에서는 아주 사소한 조치이지만 결국 우리 학생과 연구원들을 보호할 것입니다. 이런 보호막이 없는 상태에서 여성들은 사실상 학회에서 네트워크를 형성할 수 없고, 자신들이 오직 성관계 대상으로 존재한다는 메시지를 받고 있습니다. 제발 이런 상황을 끝내주십시오. 전 원장님께서 대단히 품위 있는 분으로 이런 문제에 각별히 신경을 쓰신다고 알고 있습니다. 물론 대단히 바쁜 분이라는 것도 압니다. 하지만 제발 이 사안에 우선적으로 관심을 기울여주시기 바랍니다. 정말 중요한 문제입니다.

이 편지는 제가 원장님께 드리는 마지막 편지입니다. 아무 조치도 취해지지 않는다면 다음에는 상원의원인 커스틴 질리브랜드(Kirsten Gillibrand)와 클레어 매캐스킬(Claire McCaskill)에게 편지를 쓸 생각입니다.

감사합니다.

벤 바레스, MD, PhD

스탠퍼드 대학교 신경생물학과 교수 및 학과장

며칠 뒤 벤은 콜린스로부터 품위 있는 답변을 받았다. 콜린스는 벤이 이 사안을 "최우선 순위"로 삼을 수 있게 해준 것에 감사하고 문제 해결을 위해 국립보건원이 최근에 어떤 노력을 하고 있는지 자세히 설명했다. 그리고 "연구 재정 지원 기관으로서 국립보건원이 취해야 할 추가적인 실천 단계가 있다면 기꺼이 조언을 구합니다"라는 말로 끝을 맺었다. 그리고 얼마 지나지 않아, 나는 2016년 3월 3일 『네이처』에서 「미 국립보건원, 성희롱 근절을 위해 직접 나서다」라는 제목의 기사를 읽었다. 나는 벤에게 축하 이메일을 보냈지만 벤은 전혀 만족하지 못했다. 사실 그는 화가 나 있었다. 이 글에서는 추가적인 조사가 필요하다고 제안했지만 벤이 원한 것은 실행이지 조사가 아니었다. 말할 것도 없이 벤은 곧바로 콜린스에게 문제를 제기하고 "추가적인 조언"을 제공했다. 그리고 이메일은 계속되었다. 이와 같은 집요함이야말로 벤의 방식이다.

나는 벤에게 많은 이들이 목소리를 내기 꺼리는 이런 일에 나서는 용기가 어디에서 나오는지 물었다.

냄시, 난 이런 일로 스트레스를 받지는 않아.
어쩌면 내가 트랜스젠더라서 그런지도 모르지.
난 사람들이 나를 어떻게 생각하든 정말 상관없어.
그리고 내가 누구를 열받게 하든 그것도 신경 쓰지 않고.
정년 보장의 좋은 점이 이런 거 아니겠어?!
내가 스트레스를 받는 건, 세상이 이렇게 불공평하다는 거야.

벤이 학과장의 자리에 있으면서 얼마나 효율적으로 과를 이끌어가는지를 보고 나는 그가 국립보건원 원장이나 대학 총장이 된다면 과연 어떤 일을 할지 궁금했다. 어느 날 나는 록펠러 대학교 총장 추천 명단에서 벤의 이름을 보았다. 나는 이메일을 보내 벤에게 그가 총장이 된다면 정말 잘할 것 같다고 말했다. 그러나 그는 이렇게 답했다.

그 명단에 있는 사람 중에 연구를 포기하고 행정가가 될 준비가 된 사람은 없어! 나는 당연히 아니지! 난 절대 훌륭한 총장은 못 될 거야.
만약에 나한테 스탠퍼드 총장 자리를 맡기면 제일 먼저 교내에 있는 교회를 철거하고(더불어 졸업식에서 목사와 기도를 금지시키고), 스탠퍼드 미식축구를 없앨 거야.
적어도 록펠러에는 둘 다 없더구만!

나는 벤에 대해 설명할 수 없는 대단히 불가사의한 점을 발견했다. 세상의 불공정한 것들에 대한 참을 수 없는 분노, 어려서부터 겪어온 성 정체성 혼란, 지금까지 감수해온 위험, 그가 불쾌하게 만들었을지도 모르는 사람들, 이 모든 것에도 불구하고 벤은 내가 아는 한 가장 사랑받고 또 사랑하는 과학자였다. 벤이 불공정한 상황을 새로 발견하고 거기에 "핵폭탄급 방식"으로 맞설 계획을 세우면서 의미심장하게 짓는 미소를 보면 누구라도 매력을 느끼지 않을 수 없을 것이다. 반면에 누군가 의기소침하거나 두려워할 때면 벤은 사랑과 응원의 마음으로 감싸주었으므로 사람들은 그의 존재로 인해 자신이 안전하다고 느꼈다. 벤의 죽음이 가까워졌다는 걸 알았을 때 나는 내가 그를 얼마나 사랑하는지 꼭 알려주고 싶었다.

벤,

어제는 왜 그렇게 많은 사람들이 당신을 사랑하는지 이유를 생각해봤어. 그게 존경이라면 이해할 수 있어. 하지만 사람들은 당신을 정말 진심으로 사랑해. 이유가 뭘까? 이런 팬레터로 귀찮게 하고 싶지는 않지만, 보고 싶다.

냰시

그는 이렇게 답장했다.

정말 고마워, 낸시. 잘 알겠지만 누가 날 사랑한다거나 심지어 좋아한다는 걸 상상하기 힘드네. 아마 LGBT(성 소수자)로 어린 시절에 받은 상처의 흉터가 너무 큰가 봐.
난 지금 호스피스에 있어… 옛날 그리고 현재 연구실 식구들이 찾아와서 시간을 같이 보내는데 참 좋다.
그리고 팬레터 고마워. 이런 메일은 많이 안 받아봐서.

벤의 사망 기사와 헌사들은 대단히 감명 깊은 펜레터 모음집이었다. 사람들은 그를 잃은 슬픔을 감추지 않았고, 다양한 방식으로 더 나은 세상을 만들기 위해 애쓴 이 비범한 인물의 본질을 담아냈다. 나는 그의 유산이 앞으로 얼마나 멀리 전파될지 여전히 궁금하다. 벤의 친구 조 헨델스맨Jo Handelsman이 잘 요약했다. "벤, 당신은 선의의 탑이라는 유산을 남기고 떠났습니다."

들어가는 말

나는 아직 은퇴하지 않았지만, 2년 전 만 61세의 나이에 진행성 췌장암 판정을 받았다. 보통 췌장암은 암 중에서도 가장 공격적이고 치료하기 힘든 암이라고들 하는데, 의술의 발달로 운 좋게 나는 아직 매일 일하고 있다. 놀랍지만 암에도 긍정적인 부분이 있다. 암에 걸린 덕분에 학과장직을 맡을 일도 없고, 여기저기에서 끝없이 소집되는 위원회에 불려 다니거나 편집 위원이 되거나 연구비 신청서를 쓰거나 회의 참석차 장거리 출장을 다녀오거나 하는 것처럼 시간이 소요되는 많은 일에서 벗어날 수 있게 됐다. 갑자기 모든 일에 죄책감 없이 "못합니다"라고 말하기가 쉬워졌다. 그래서 내게

주어진 시간이 바닥날 때까지 내가 정말로 완수하고 싶었던 일들에 집중할 수 있게 됐다.

이제 연구실을 운영하고 젊은 친구들을 지도하면서 과학자로 사는, 제일 좋은 부분만 남았다. 나는 이렇게 내 삶에 대해 써 내려갈 기회가 주어진 것에 감사한다. 나는 과학자가 되고, 또 젊은 과학자들을 지도하는 것이 얼마나 큰 영광인지 사람들에게 말하고 싶다. 또한 여성 과학자로 그리고 트랜스젠더 과학자로 살면서 경험한 것들, 그리고 이렇게 남과 달랐던 점이 내가 걸었던 과학자의 길에 얼마나 유익하게 기여했는지도 얘기하고 싶다. 마지막으로 나는 신경아교세포에 관해 내가 아는 것은 물론 아직 알아내지 못한 것까지, 그리고 건강한 뇌와 아픈 뇌에서 이 세포의 역할을 탐구했던 멋진 모험에 대해 말해볼까 한다.

1장

삶

성장기

나는 뉴저지 웨스트 오렌지에서 자랐다. 우리 가족은 경제적으로 부유한 편이 아니었다. 어머니는 집에서 네 아이를 길렀고 아버지는 영업직으로 일하면서 처음에는 유아용 가구를, 나중에는 주류를 취급했다. 어머니는 리투아니아 유대교 집안 출신이었고, 아버지는 이탈리아 가톨릭 집안에서 자랐다. 부모님 모두 대학을 다니지 않았지만, 어머니는 대단히 영민한 분이었다. 그녀는 자식들이 공부를 잘해서 대학에 갈 거라고 기대했다.

여자였던 어머니는 어쩔 수 없이 고등학교 때 '비서직'으로 가는 진로를 선택했다. 그러나 자식들이 다 크자 수학과 학위를 따기 위해 집에서 가까운 러트거스 대학교에 등록하고 공부를 시작했다. 슬프지만 어머니는 유방암에 걸려 겨우 40대 중반에 세상을 떠났다. 암을 일으키는 BRCA2 돌연변이는 집안 대대로 내려오는 저주였고 나 역시 물려받았다. 어머니는 살아서 자식들이 성장해 어른으로 사는 모습을 보지 못하고 돌아가셨지만, 분명 우리를 자랑스럽게 생각했을 것이다. 내 쌍둥이 동생 지니는 소아과 임상 간호사가 됐고, 남동생은 보험 회사를 차려 성공적으로 운영하기 시작했다. 나 바버라는 과학자가 됐고, 막내 여동생은 법률 비서가 됐다. 내 형제자매는 모두 결혼했고 아이가 있다. 그런 면에서 나는 예외였지만.

어머니는 아버지와 잘 맞는 사이가 아니었지만, 두 분은 자식 때문에 버텼다. 경제적으로 고생한 시절도 여러 번 있었다. 그래도 생필품이 부족했던 적은 없었던 것 같다. 생각해보면 어머니는 행복해 보인 적이 별로 없었고 자주 짜증을 냈다. 나는 그 이유가 가문의 또 다른 저주인 심각한 폐쇄성 수면 무호흡과 아버지의 지속적인 부재 때문이라고 생각한다. 아버지는 일하지 않을 때면(대체로 그랬지만) "두 번째 아내(우리는 어머니가 돌아가시고 난 다음에야 알았지만)"

와 함께 있거나 친구들과 도박, 카드 게임, 경마를 했다. 나는 어머니에게서 공부머리와 BRCA2 돌연변이, 수면성 무호흡을 물려받았다. 아버지에게서는 중독 성향을 물려받았는데, 도박 중독이 아닌 과학과 연구에 대한 중독이라 다행으로 생각한다.

우리 부모님은 결혼하면서 아이들을 가톨릭 신자로 키우기로 합의했던 것 같다. 우리는 돌아가신 다음에야 어머니가 유대교였다는 사실을 알았다. 어머니가 왜 우리에게 말하지 않았는지는 모르겠지만, 자식들을 반유대주의자들로부터 지키고 싶어 한 것은 틀림없다. 그래서 우리는 월요일마다 학교를 마치면 버스에 태워져 동네 성당에 가서 교리를 배웠고, 일요일이면 미사를 드렸다. 초등학생 때부터 나는 신에 대한 가르침이란 마땅한 증거도 없고 앞뒤가 맞지 않는 어불성설에 불과하다는 걸 깨달았다. 하지만 어머니는 옳고 그름은 오로지 종교로 판단해야 한다는 가치관을 고수하는 분이었으므로 감히 어머니를 화나게 할 수는 없었다. 그러나 어머니의 그런 생각은 그때나 지금이나 여전히 마음에 들지 않는다.

열네 살 때 마침내 용기를 내어 부모님께 나는 신을 믿지 않고 더 이상 성당에 가지 않겠다고 선언했다. 어머니는 아버지가 나를 체벌하도록 했고 나는 이때 처음이자 마지막으로 아버지한테 맞았다. 그리고 잠깐이지만 가출을 했다. 집으로 돌아오자 어머니는 교회에 나갈 때까지 앞으로 일요일마다 하루 종일 방에서 나오면 안 되고 밥도 주지 않겠다고 했다. 물론 나는 토요일이면 몰래 방에 먹을 것을 갖다 두고 할 일도 준비해놓았다. 다행히 몇 달이 지나자 어머니는 누그러졌고 정상적인 생활로 돌아갔다.

나는 아이들에게 신앙을 주입하는 건 대단히 큰 범죄라는 주장에 동의한다. 대부분 사람들에게서 어린 시절에 받은 종교적 세뇌가 평생을 간다는 사실이 언제나 놀라웠다. 이런 식의 주입은 분명히 자라는 아이들의 뇌에 엄청난 영향력을 발휘할 것이다. 아이들은 지식을 빨리 흡수할 뿐 아니라 현실과 그들이 배운 허구 사이에 존재하는 모순을 무시하고 또 보지 못한다. 나는 이러한 아동기의 주입식 사고가 뇌의 발달에 돌이킬 수 없는 영향을 주고, 인지 발달에 영구적인 변화를 일으켜 어쩌면 과학적 사고 능력에까지 손상을 주지는 않을지 의문이다.

자라면서 즐거웠던 것 중 하나는 무한한 독서 시간이었

다. 어머니는 일주일에 한 번씩 우리를 웨스트 오렌지 도서관에 데려갔다. 우리는 책을 두 권씩 빌릴 수 있었는데 그게 나는 언제나 불만이었다. 과학은 일찍부터 내 관심사였다. 네 살인가 다섯 살 때 내 쌍둥이 여동생은 간호사가 되겠다고 하고 나는 과학자가 되겠다고 했는데, 우리 둘 다 그렇게 됐다. 나는 내가 어떻게 그렇게 어린 나이에 과학에 관심을 가지게 됐는지 모르겠다. 아는 과학자도 없고 과학이 뭔지도 몰랐을 텐데 말이다. 아마 어려서 TV에서 즐겨 본 〈슈퍼맨〉 때문이 아닐까 싶다. 여기에서는 미친 과학자가 언제나 멋진 화학물질과 발명품을 만들었다. 그래서 막연하게나마 나도 언젠가 화학자가 되지 않을까 하고 생각했던 것 같다. 어린 시절에 내가 가장 좋아했던 장난감은 화학 실험 세트와 현미경이었다.

불행하게도 학교에 들어간 이후로 나는 늘 학교 진도가 너무 느리다고 생각했다. 다행히 8학년 때 과학을 가르친 제프리 데이비스Jeffrey Davis 선생님은 교육에 대한 열정이 넘치는 분으로 내가 공립학교에 다니며 만난 최고의 선생님이었다. 데이비스 선생님은 과학적 발견이 얼마나 커다란 즐거움인지 가르쳤고, 난 나도 그걸 느껴보고 싶었다. 그때 우리는 찰스 다윈의 『비글호 항해기*The Voyage of the Beagle*』와 제임스 왓슨의 『이중나선*The Double Helix*』을 읽었는데, 『이중나선』은 그 이후로 살면서 10년마다 한 번씩은 꼭 다시 읽게 되는 책이 되었다. 과학적 발견이 이뤄질 때의 흥분을 이보다 잘 담아낸 책은 없을 것이다. 그리고 재능 있는 여성이 과학을 하면서 직면하는 현실까지도.

중학교에 들어가면서 나는 학교 수업을 보충하기 위해 가까운 대학에서 지역 주민을 대상으로 운영하는 과학 프로그램을 끊임없이 찾아다녔다. 나는 중고등학교 내내 학교에서 과학과 수학을 제일 잘하는 학생 중 하나였고, 수학 팀의 리더였다. 중학교 때는 주말과 여름 방학이면 러트거스 대학교에서 열리는 수리천문학 강의를 들었다. 열네 살 때는 필립스 아카데미 앤도버 여름학교에 들어갔다. 아주 운 좋게 전액 장학금을 받았는데, 그렇지 않았으면 아마 들어가지 못했을 것이다. 최근 몇 년간 나는 경제적 지원이 필요한 몇몇 학생에게 앤도버 여름 학교 전액 장학금을 대왔다. 앤도버에서는 화학과 미적분학뿐 아니라 컴퓨터 프로그래밍을 배웠다. 비록 하루에 한 시간짜리 수업이었지만 수학 강의를 수강하는 여섯 명의 아이들은 이 6주짜리 프로그램에서 미적

분학 교과서를 처음부터 끝까지 훑었다.

나는 이렇게 앤도버에서 처음으로 과학과 수학을 자극적이고 도전적인 속도로 배웠다. 앤도버 여름 학교가 끝나고 집에 돌아올 때 다시 학교로 돌아가야 한다는 사실에 큰 상실감을 느꼈다. 그러던 차에 국립과학재단NSF에서 후원하는 컬럼비아 대학교의 과학 상급 프로그램Science Honors Program을 알게 되었다. 컬럼비아 대학교 교수들이 자원하여 토요일 아침에 고등학생들에게 과학과 수학을 가르쳤다. 나는 운 좋게 시험에 합격했다. 수업료도 없었으므로 고등학교에 다니는 내내 토요일 아침이면 뉴욕시로 가는 버스를 타고 수업을 들으러 갔다. 40년이 지난 지금도 이 훌륭한 프로그램이 여전히 운영된다는 게 기쁘다. 여기에서 나는 스타이브센트 고등학교와 브롱크스 과학고등학교처럼 뉴욕시의 과학 교육 전문 공립학교에 다니는 동급생들을 많이 만났는데, 이렇게 훌륭한 공립학교에 다니는 아이들이 많이 부러웠다.

컬럼비아에서 과학 상급 프로그램을 다니면서 앤도버에서 시작한 컴퓨터 프로그래밍에 대한 관심이 완전히 자리 잡았다. 이때부터 고등학교를 졸업할 때까지 베이식, 포트란, 어셈블리 언어, C 언어 등과 같은 컴퓨터 언어와 코딩을 배우는 데 시간을 보냈고, 덕분에 학교 수업의 지루함에서 벗어날 수 있었다. 당시에는 노트북이 없었으므로 컬럼비아 대학교, 브루클린 과학기술대학교, 스티븐슨 공과대학교 같은 지역 대학을 찾아다니며 컴퓨터를 사용했는데 나에겐 커다란 즐거움이었다. 덕분에 벨연구소에서 일할 기회를 붙잡을 수 있었다.

여름 일자리를 찾던 중 마침 뉴저지 머레이 힐 근처에 있는 벨연구소 컴퓨터 시스템부에서 아르바이트 학생을 모집한다는 걸 알게 됐다. 면접 중에 자연스럽게 다양한 과제를 수행하는 짧은 컴퓨터 프로그램을 칠판에 적어보라는 요청을 받았다. 그건 내 컴퓨터 실력으로는 식은 죽 먹기였다. 결국 나는 운 좋게 일자리를 얻었다. 고등학교에서 한 달 먼저 졸업하게 배려해준 덕분에 고등학교를 마친 여름 내내, 그리고 대학을 다니는 동안에도 여름마다 벨연구소에서 일할 수 있었다. 연구소에서 주는 월급은 학비에 큰 보탬이 되었다. 심지어 4학년 때에는 절실했던 전액 장학금까지 받았다.

벨연구소에서 일한 것은 믿기 힘들 정도로 좋은 경험이었다. 당시 벨연구소는 아직 전화 회사에서 분리되기 전이라 여전히 연구 중심적인 분위기였다. 나는 멋진 컴퓨터 기술자와 과학자들과 알고 지냈다. 내가 일했던 부서에서는 유닉스와 C 언어가 개발 중이었다(첫 번째 여름에 나는 "B"라고 부르는 언어를 코딩했다!). 나는 이곳에서 배운 컴퓨터 기술을 학부와 대학원을 다니며 아주 요긴하게 써먹었다.

나는 벨연구소에서 처음으로 연구 환경에서 일했다. 일을 시작하자마자 난 내가 프로젝트를 맡으면 완전히 빠져드는 스타일이라는 걸 알았다. 아침이면 일터로 달려갔고 저녁 늦게까지 남아서 일했다. 그리고 토요일과 일요일에도 일했다. 심지어 자는 동안에도 꿈속에서 컴퓨터 프로그램의 오류를 잡아냈다. 이처럼 자발적인 동기 부여로 인한 강한 몰입은 박사 과정 학생으로, 박사 후 연구원으로, 그리고 스탠퍼드 교수가 되어 내 연구실에서 연구할 때 드러난 나 자신의 특징이기도 했다.

과학자로서 내 성공을 돌아보자면, 나는 내가 어떤 특별히 뛰어난 지능이 있어서 성공했다고 생각하지 않는다. 내가 만난 사람 중에는 나보다 훨씬 똑똑하지만 성공하지 못한 사람들이 많았다. 나는 구체적으로 두 가지 기질이 나를 성공하게 했다고 생각한다. 하나는 연구에 대한 주체할 수 없는 강한 열정이다. 어디에서 왔는지는 몰랐지만 나에게는 언제나 열정이 있었다. 다른 하나는 요샛말로 '그릿grit'이라고 부르는 인내와 끈기, 회복력과 탄력성이다. 나는 내가 '그릿'을 아주 많이 가졌다고 생각한다. 그리고 이 그릿은 분명 (지금까지 언급하지 않은) 내 '남다름'에서 왔을 것이다.

성장기의
성 정체성 혼란

지루한 학교생활에도 불구하고 나름 즐겁게 성장해왔다는 것은 인정해야겠다. 하지만 나에게는 서너 살쯤 되었을 때부터 느껴온 한 가지 문제가 있었다. 나는 여자아이였지만 속으로는 내가 남자아이라고 생각했다. 그것은 내 모든 행동에서 확실하게 드러났고 더구나 나에게는 이란성 쌍둥이 여동생이 있었으므로 이런 차이는 더욱 분명했다.

학교에 다니기 시작하면서 여동생은 여자친구가 많았고 전형적인 여자아이 장난감을 갖고 놀았다. 반면에 나는 남자아이들과 노는 걸 훨씬 좋아했고 남자아이 장난감을 갖고 놀았다. 크리스마스에 액세서리나 드레스를 선물로 받으면 실망했고, 두 살 어린 남동생이 받는 장난감이 언제나 부러웠다. 남동생처럼 컵 스카우트나 보이 스카우트에 들어가는 게 소원이었지만 브라우니와 걸 스카우트에 머물러야 했다. 핼러윈이면 군인이나 축구선수 복장을 입고 집을 나섰다.

불행하게도 나이가 들면서 이런 차이는 점점 덜 용납되었다. 여덟 살 무렵에 나는 토미네 집에 가서 기차 세트를 가지고 놀곤 했는데 하루는 문을 두드렸더니 토미 어머니가 나오시며 못마땅한 얼굴로 앞으로 토미 말고 여자아이들과 놀아야 한다고 했다. 그때부터 나는 친구가 거의 없었고 책 읽기나 다양한 취미 활동에 빠지는 법을 익혀야 했다.

중학교에 들어가자 새로운 좌절이 기다리고 있었다. 나는 목공이나 기계, 자동차 정비 수업을 듣고 싶었는데 그건 남학생들만 들을 수 있었고, 여학생들은 바느질이나 요리 수업을 들어야 했다. 나는 매해 남학생 수업을 듣게 해달라고 요청했지만 매번 거절당했다. 그러던 어느 해인가는 남학생 중 하나가 쿠키 만드는 법을 배우고 싶어서 요리 수업을 듣겠다고 신청했는데 개한테는 된다고 했다.

고등학교에 가자 더 힘들어졌다. 사춘기가 되면서 가슴

이 커지는 게 몹시 불편했다. 나는 가슴을 가지면 안 될 것 같았기 때문이다. 쌍둥이 여동생이 다리를 면도하고 액세서리를 하고 화장을 할 때 나는 그런 것들이 죄다 어색하게 느껴졌다. 대신 나는 남자애처럼 입고 행동했다. 여동생은 사교 활동도 적극적으로 하고 데이트도 많이 했지만 나는 학교에 다니면서 데이트를 한 적이 없었다. 하지만 어차피 남자(또는 여자)한테 매력을 별로 느끼지 못했기 때문에 크게 신경이 쓰이지는 않았다. 나에게 성적 끌림을 느끼는 능력이 부족하다는 것은 어른이 되고 한참 뒤에나 깨달았다(또 내게는 심한 안면인식 장애가 있는데 이 두 가지가 어떤 식으로 연결된 건 아닌지 궁금했다).

이런 것들 때문에 나는 고등학교에서 종종 놀림과 괴롭힘을 당했다. 또 한 가지 혼란스러웠던 점은 내 여동생과 달리 나는 생리를 하지 않았다는 사실이다. 결국 열다섯 살 때 병원에 가봤지만, 의사는 진단을 내리지 못했고 대신 매달 고용량의 에스트로젠을 주사했다. 그건 아프기만 했지 전혀 도움이 되지 않았다. 대학에 들어갈 즈음에 나는 더 이상 주사를 맞지 않겠다고 거부했다. 마침내 나는 내가 난소를 제외한 내부 생식기관이 없이 태어났고 이것을 뮐러관 무발생 증후군이라고 한다는 걸 알게 됐다. 나는 자존감에 또 다른 강한 타격을 입었지만, 한 번도 모성을 느끼거나 아이를 기른다는 상상을 해본 적이 없었기 때문에 생식 능력이 없다는 사실이 그렇게 힘들지는 않았다.

중학교 때부터 나는 점차 성별 불쾌감, 차이, 혼란을 느꼈다. 내 신체적 성별과 내가 느끼는 성별이 일치하지 않는다는 사실이 매우 당황스럽고 창피했다. 그러나 누구에게도 말할 수는 없었다. 한번은 고등학교 때 남자 선생님이 나를 따로 부르시더니 내 톰보이 같은 옷차림에 대해 잔소리를 했다. 나는 예의 바르게 듣고 있었으나 몹시 수치스러웠고 어떤 식으로든 맞설 수가 없었다. 분명 어머니는 초등학교, 중학교, 고등학교 내내 내 비정상적인 행동을 눈치챘을 텐데도 한마디도 하지 않았다. 아마 크면서 괜찮아지거나 어쩌면 내가 동성애자일지도 모른다고 생각했을 것이다. 후자였더라도 어머니는 한 번도 그것에 관해 물어보지 않았다(어머니는 절대 인정하지 않았을 것이고, 분명 동성애를 부도덕하다고 생각했을 것이다).

난 비록 내 이질적인 본질을 제대로 이해하지 못했지만, 고등학교 시절에 본 두 편의 영화가 바로 이 남다름으로 인해 나에게 감정적으로 크나큰 영향을 주었다. 하나는 1958년 SF 영화인 〈플라이The Fly〉였다. 주인공 과학자가 실험에 실패해 반은 인간이고 반은 파리가 되어 결국 압착기에 몸을 던져 자살한다는 결말의 이야기다. 나는 이 과학자와 내가 정체성과 운명을 공유한다고 느꼈다. 다른 영화는 1932년에 제작된 공포 영화 〈프릭스Freaks〉였는데, 이 영화에서는 기형의 서커스 곡예단원들에게 나 자신을 대입했다.

(머글들의 눈에 괴물로 보인) 해리포터를 제외하면, 나는 저 두 영화 속 파리와 서커스 곡예단원을 제외한 어떤 영화 주인공과도 나를 동일시하지 않았다. 그러나 많은 시간이 흐른 다음에야 〈프릭스〉에서 진짜 괴물은 신체 장애가 있는 서커스 단원들이 아니라 그들을 모욕하고 비하한 '정상적인' 단원들이라는 사실을 깨달았다.

성장기와 청년기에 성별 혼란으로 인해 느낀 지속적인 괴로움, 낮은 자존감, 강한 자살 충동을 말로 표현하기는 어렵다. 나중에 얘기하겠지만 나는 마흔 살이 되어서야 마침내 내가 트랜스젠더라는 것을 깨달았고, 이 문제는 얼마든지 해결이 가능한 문제라는 걸 알게 되었다. 그러나 성장하는 동안에는 너무 혼란스러워 누구와도 이야기하지 못했고 어떻게 얘기를 꺼내야 할지 막막했다. 그냥 여자인 내가 자신을 남자로 느낀다는 게 말이 안 되는 것 같았다. 이런 문제를 누구에게 어떻게 꺼낼 수 있었겠는가?

성전환증(자신의 성별이 생물학적 성별과 다르다고 느끼는 상태—옮긴이)의 원인은 알지 못한다. 최근 일란성 쌍둥이 연구에서 쌍둥이 간에 약 30퍼센트의 일치율을 보였으므로 부분적으로는 유전적인 영향을 받는다고 볼 수 있다. 동물의 암컷과 인간 여성이 태아가 발달하는 기간에 남성 호르몬에 노출되면 남성적인 행동을 보일 수 있다. 1954년에 우리 어머니는 쌍둥이 여동생과 나를 임신하고 첫 3개월 동안 테스토스테론 유사 호르몬 치료를 받았다. 의사는 당시 막 개발된 합성 스테로이드 약물이 고위험군 임신에서 유산의 위험을 예방할 수 있는지 시험 중이었다. 어머니는 임신 초기에 소량의 질 출혈을 보이는 바람에 유산 고위험군으로 분류되었다(비록 잘못된 진단이었지만). 이런 경우 많은 여성이 디에틸스틸베스트롤 호르몬 치료를 받았지만 어머니는 대신 테스토스테론 유사 호르몬을 맞았다. 나는 이 약물이 내 뇌를 남성화시켰을지도 모른다고 의심한다. 그렇더라도 쌍둥이 여동생에게는 영향을 미치지 않았다(트랜스젠더 대부분은 태아 때 비정상적인 호르몬에 노출된 일이 없다). 그러나 치명적인 의원병(의료 행위로 인해 발생하는 장애나 질병—옮긴이) 노출은 거의 언제나 쌍둥이 중 하나에게만 영향을 미친다.

안타깝지만 나는 우리 가족 누구와도 특별히 친밀한 애정을 키우지 못했다. 일찍 집을 떠나 생활한 것도 한 이유였겠지만, 그보다 어린 시절부터 지속된 심적 고통을 공유하지 못한 것이 더 컸을 것이다. 이건 전적으로 내 잘못이다. 어머니한테 터놓고 얘기했더라면 정말 얼마나 좋았을까 싶다. 최근에 인구의 1퍼센트가 트랜스젠더라는 사실이 알려졌고, 부모가 빠르게는 초등학교 때부터 트랜스젠더 아동과 마음을 열고 이야기하도록 교육이 이루어지고 있다. 부모가 (성전환 이전의) 트랜스젠더 아이들과 마음을 열고 이야기를 나누고 응원하는 모습의 영상을 볼 때마다 나는 운다. 물론 앞으로 나아가야 할 길은 멀지만, 최근 몇 년간 세상이 얼마나 많이 달라졌는지를 보면 감탄할 뿐이다.

대학 시절

나는 열세 살 때 매사추세츠 공과대학교[MIT]에 가겠다고 마음먹었다. 8학년 때 과학 선생님이 MIT에서 이루어진 몇몇 연구에 관해 설명하시는 걸 듣고 백과사전에서 찾아보았더니 세계 최고의 과학 대학 중 하나라고 쓰여 있었다. 우리 가족 중 누구도 대학에 가지 않았다. 부모님은 MIT에 대해 들어본 적이 없었고, 대학 등록금이나 생활비를 댈 형편도 못 됐다. 하지만 나는 내가 그곳에 가게 될 거라고 확신했다.

1971년 고등학교 졸업을 앞두고 대학에 지원할 무렵, 나는 학교 진로 상담 선생님에게 MIT에 지원하는 계획을 말했다. 나는 반에서 과학과 수학에 가장 뛰어난 학생이었고

SAT 점수도 거의 만점에 가까웠지만, 상담 선생님은 MIT는 힘들다며 경쟁이 덜한 지역 학교에 지원하라고 강하게 권했다. 그러나 알고 보니 우리 반에 있는 몇몇 다른 남학생에게는 MIT에 지원하라고 한 것을 알게 되었다. 내가 걔들보다 성적이 더 뛰어났는데도 말이다. 이때는 성차별에 대해 민감해지기 훨씬 전이었고, 어쨌거나 나는 상담사의 말을 무시하고 수시 지원으로 MIT에만 지원했다.

결국 나는 고등학교 마지막 학년 12월 초에 MIT에 합격했고, 부모님의 소득이 낮았음에도 장학금과 대출 프로그램 덕분에 학교에 다닐 수 있었다. 난 정말 행복했다! 돌이켜 생각해보면 미국의 주요 대학들은 1960년대 후반에서 1970년대 초반에서야 겨우 주목할 만한 수의 여학생을 받아들이기 시작했다. 그래서 내가 넘치는 자격을 갖춘 지원자였던 것도 맞지만, 재능 있는 여학생들이 최고 학부에 지원하면서 겪는 진입 장벽이 내가 대학에 지원한 1971년 당시에는 상당히 낮아지고 있었다. MIT는 처음부터 여학생을 받았지만 수가 적어서 1970년대까지만 해도 아마 매년 소수에 불과했을 것이다. 1972년 가을에 내가 MIT에 도착했을 때 전체 학생 중 여학생은 5퍼센트에 불과했다. 그러나 난 나를 남자라고 생각했기 때문에 그 점을 특별히 의식하지 못했고 별로 신경 쓰지도 않았다.

나는 MIT를 정말 좋아했다. 타고난 이질성에도 불구하고 고등학교 때와 달리 MIT와 잘 맞았다. 나는 다른 사람들과 똑같이 과학밖에 모르는 미련한 공붓벌레였다. 내가 들은 강의와 나를 가르친 강사의 수준은 최고 이상이었다. MIT는 최고의 교수진이 학부생을 가르친다는 오랜 자부심이 있었고, 나는 최고의 교수가 가르치는 수업을 들었다. 1학년 때는 다른 학생들처럼 물리학, 미적분학, 화학 수업을 들었다. 나는 열심히 공부했지만 밤을 새울 정도는 아니었고, 내가 배우는 모든 것을 즐겼다. 대부분 수업에서 A를 받긴 했지만 더 이상 일등은 아니었다. 그러나 그건 전혀 문제되지 않았다. 마침내 학문적으로 도전할 과제가 생겼고 관심이 있으면 어떤 강의라도 들을 수 있었다. 난 그게 정말 좋았다. 상대적으로 성적 매력이 부족했음에도 대학에서 나는 처음이자 마지막으로 남자친구를 사귀었고 그와 여러 해를 함께 살았다. 그러나 우리는 별로 잘 맞는 짝이 아니었고 결국 헤어졌다. 그때부터 나는 독신으로 지냈다.

경제적으로는 어려운 편이었다. 생활비가 바닥나서 다

음 달 장학금 수표가 도착할 때까지 겨우겨우 생활할 때도 있었다. 물론 나보다 경제 사정이 좋지 않은 학생들도 있었지만, 이런 경험은 대학에서 많은 저소득층 학생들이 겪어야 하는 어려움을 깨닫게 했다. 스탠퍼드를 비롯한 일부 대학들이 연간 소득 6만 달러 이하인 저소득층 자녀에게 등록금 전액과 생활비를 지원하지만, 이런 아이들 중 스탠퍼드에 입학하는 경우는 많지 않다. 입학하더라도 등록금과 방값, 식비, 그 외에도 많은 생활비가 필요하고 심지어 많은 학생들이 지원받은 생활비 일부를 집에 보내어 가족을 부양한다. 우리는 이 아이들을 돕기 위해 더 많이 애써야 한다!

당시 MIT에서는 전공 필수 과목이 그렇게 폭넓지 않았기 때문에 관심 있는 새로운 분야를 시도하는 게 가능했다. 나는 복수 전공으로 화학과 컴퓨터과학을 선택했고, 두 전공의 학위를 따기 위해 필요한 학점을 거의 다 채웠다. 하지만 내가 이 과목들을 꽤 잘했어도 내 능력을 알아주거나 관심을 북돋아주는 교수가 없었다(뒤에서 좀 더 이야기하겠다).

2학년 때, 인공지능에 푹 빠진 나는 MIT에서 이루어진 연구에 흥분해서 관련된 수업을 찾아 들었다. 교수는 시각적 장면을 해석하거나 언어를 이해하는 지능형 컴퓨터를 제작하기 위해 진행 중인 연구에 대해 강의했다. 나는 실제로 뇌가 어떻게 작동하는지 궁금해졌고 더 알고 싶었다. 그래서 심리학과의 뇌과학 개론(당시에 신경생물학이라는 용어는 아직 없었다)이라는 아주 인기 있는 과목을 신청했다.

이 과목을 가르친 한스-루카스 튜버Hans-Lukas Teuber 교수는 재능 있는 선생이었다. 그의 강의가 내 인생을 바꾸어놓았다. 많은 MIT 교수들이 그랬던 것처럼, 튜버 교수 역시 기존에 알려진 지식만큼이나 아직 알려지지 않은 것들에 대해서도 강의했고, 매번 최신 연구 동향을 함께 소개했다. 튜버는 뇌의 각기 다른 구역에서 손상이 일어났을 때 뇌의 기능이 어떤 식으로 영향을 받는지 오래 연구했다. 튜버의 강의를 들으면서 나는 환자와 병을 연구하는 게 뇌를 이해하는 강력한 방식이 되리라는 걸 알았다. 강의가 끝날 무렵 나는 신경과 의사 겸 신경과학자가 되기로 결심했다. 하지만 지금 생각해보면 당시에 나는 이 목표를 달성하기 위해 얼마나 많은 시간을 공부하고 일해야 하는지 몰랐던 것 같다.

나는 전공을 신경생물학으로 바꾸었다가(이 전공은 MIT가 제공하는 선택사항이었고 아직 존재하지 않았으므로 내가 만들어야 했다), 의학대학원에 가기 위해 필수로 들어야 하는 수업이 얼마나 많은지 깨닫고는 생명과학으로 전공을 바꾸었다. 필수 과목에는 생물학, 유전학, 세포생물학이 포함되었는데, 마찬가지로 모두가 뛰어난 강의들이었다. 일례로 살바도르 루리아Salvador Luria 교수의 훌륭한 강의가 생생하게 기억난다. 루리아 교수는 MIT에서 생물학을 가르쳤다. 그 역시 기본 개념을 가르치면서 이를 최근에 진전된 연구와 능숙하게 접목했다. 튜버와 루리아 교수가 써준 열정적인 추천서 덕분에 대학에서 마지막 학년을 마치는 데 꼭 필요했던 전액 장학금을 벨연구소로부터 받을 수 있었다.

MIT를 다닌 것은 상상도 할 수 없는 특권이었다. MIT에서의 생활은 내 인생을 바꾸어놓았고 많은 길을 열어주었다. 그러나 완벽한 경험은 아니었다. MIT는 마침내 여학생을 많이 받아들였지만, 여학생들은 중요한 측면에서 남학생과 동일한 교육을 받지 못했다. 내가 MIT에 다니던 1972~1976년에는 여자 교수가 거의 없었기 때문에 여학생들은 본보기로 삼을 만한 모델을 찾지 못했다. 과목을 가르치는 강사들은 거의 남자였고, 소개되는 연구 역시 사실상 남성에 의해 이루어진 것들이었다. 유명한 남자 교수들도 강의 중에 공공연하게 성차별주의적 발언을 내뱉었다. 첫 물리학 수업을 가르친 노벨상 후보는 강의 중에 성차별적인 말을 서슴지 않았고 심지어 나체 사진을 보여주었기 때문에 난 다른 물리학 강의로 바꿔 들어야 했다. 또한 나는 화학과 컴퓨터과학에 뛰어난 학생이었고 관련된 심화 과목들에서도 월등했지만 교수들은 나를 눈여겨보지 않았으며, 자기 실험실에서 연구할 기회를 남학생에게만큼 주지도 않았다. 화학과 컴퓨터과학은 전통적으로 남성이 주도하는 분야였고 여성은 그다지 환영받지 못했다. 심지어 2017년에도 스탠퍼드의 화학과와 컴퓨터과학과 교수 중에는 여성이 별로 없다.

MIT에서 들은 인공지능 수업에서 나는 아주 어려운 기말 숙제를 풀어온 유일한 학생이었다. 이 문제를 풀려면 서로 반복 호출하는 중첩 서브루틴이 들어간 리스프LISP 프로그램을 구성해야 했다. 수업 중에 교수는 누구도 이 문제를 풀어오지 못했으므로 성적에 반영하지 않겠다고 했다. 강의가 끝난 다음 나는 교수에게 찾아가 문제를 풀었다고 보여주었다. 그러나 교수는 나를 비웃으며 남자친구가 대신 풀어준 거 아니냐고 말했다. 내가 부정행위를 했다고 간주한 것은 공정하지 못한 데다 사실이 아니었으므로 나는 몹시 불쾌하고 기분이 상했다. 그러나 그의 말이 뿌리 깊은 성차별적 발언이었다는 사실을 몇 년이 흐른 뒤에야 깨달았다. 교수는 그렇게나 많은 남자들이 풀지 못한 문제의 답을 한 여학생이 알아냈다는 것을 믿을 수가 없었던 것이다.

내가 남학생이었다면 아마 내 이름을 수업 중에 호명하고 컴퓨터과학으로 진로를 선택해보라고 격려하거나 자신의 연구실에서 일할 기회를 주었을 것이다. 소위 잘나가는 남성(나중에 이야기할 래리 서머스처럼)들이 집단으로서의 여성은 태어날 때부터 남성보다 과학을 잘하지 못하지만 개중에 뛰어난 여성 개개인은 차별하지 않는다고 말할 때 마음 깊은 곳에서부터 화가 나는 것은 이 때문이다. 그들은 이처럼 부정적인 고정관념이 만연한 사회에서는 재능 있는 여성이라도 능력을 제대로 발휘하거나 인정받기 힘들다는 핵심을 이해하지 못한다. 또한 이러한 고정관념은 어떤 데이터로도 증명되지 않으며 모든 여성에게 대단히 위험하다.

실제로 학부생 연구 활동을 위한 실험실을 정할 무렵에 다른 남학생들은 어렵지 않게 좋은 실험실에 들어갔지만 나는 훌륭한 학생이었음에도 받아줄 실험실을 찾기가 쉽지 않았다. 마침내 기꺼이 나를 지도해주겠다는 젊은 여교수를 찾아 실험실에서 몇 년이나 일했지만, 지도다운 지도를 받지 못했다. 이것은 바람직한 경험이 아니었다. 이처럼 성별에 바탕을 둔 차별 속에서 내 세대의 (그리고 지금도) 많은 여성들이 이공계에서 경력을 쌓는 일을 단념하게 되는 현실은 놀랍지도 않다. 그러나 전반적으로 이렇게 맥빠지는 일들을 겪으면서도 다른 여성들보다 덜 영향을 받은 이유는 앞에서도 말했듯이 나는 나 자신을 여자라고 생각하지 않았기 때문이다. 어떻든 나는 과학에 대한 깊은 열정을 가지고 MIT에 입학했고 같은 마음으로 졸업했다. 결국 중요한 건 그거니까.

의학대학원 수련 과정

나는 MIT를 졸업하고 1976년에서 1979년까지 다트머스 의학대학원을 다녔다. 의학대학원은 일반적으로 4년 과정이지만 다트머스는 이를 3년으로 줄였다. 나는 의학대학원을 마치고 연구를 위해 대학원 박사 과정에 들어가고 싶었으므로 수련 기간이 짧다는 것이 큰 매력이었다. 뉴햄프셔의 아름다운 시골에 산다는 것 또한 나에게는 꿈만 같았다.

모든 의학대학원 과목은 우수, 통과, 낙제로 성적을 결정했고 일주일에 두 번 오후에 쉴 수 있었다. 다트머스는 기초과학에 강한 학교로 유명했으며, 실제로 모든 과목의 수업이 굉장히 훌륭했다. 의학대학원을 다니는 동안 나는 뉴햄프

셔의 아름다운 자연환경을 마음껏 누렸다. 봄과 가을에는 등산을 하거나 자전거를 탔고, 긴 겨울이면 근사한 스키 코스에서 크로스컨트리 스키를 탔다. 임상 실습 로테이션을 시작하고서는 여가를 누릴 시간이 크게 줄었지만, 다트머스에서의 첫 1년 반 동안 틈틈이 즐길 수 있어서 참 좋았고, 또 돌아보면 즐거웠던 기억으로 남아 있다.

의학대학원 과정을 거치면서 나는 여성에 대한 장벽이 MIT에서보다 훨씬 두드러지기 시작했음을 느꼈다. 다트머스는 제일 마지막에 남녀공학이 된 대학 중 하나였다. 많은 대학이 1960년대 후반부터 여학생 수를 늘리기 시작했지만 다트머스는 1972년이 돼서야 여학생을 받았다. 그래서 동급생 중에 불과 20퍼센트가 여성이었음에도, 이 중에 다트머스 대학교를 졸업한 최초의 여학생이 있었다. 나는 가끔 다트머스 아이스하키 홈 경기에 관람을 하러 갔는데, 내 뒤에 앉은 나이 든 남자 졸업생들이 여학생을 받으면서부터 학교가 망하고 있다고 큰 소리로 불평하는 소리를 듣곤 했다. 놀랄 일은 아니지만 의학대학원에도 여전히 여성에 대한 장벽이 남아 있음을 다시 한번 느꼈다.

첫해에 들은 해부학 수업에서는 남자 교수가 여성의 나

체 사진을 슬라이드 쇼로 즐겨 보여주었는데, 고맙게도 한 남학생이 수업 후 교수에게 이에 대해 문제를 제기했다. 종종 남자 교수들은 강의 후에 여학생이 질문하면 그 여학생이 아닌 가까이에 있는 남학생에게 대답을 해주어 나를 어리둥절하게 만들곤 했다. 나는 신경병리학 실험실에서 하는 연구에 관심이 있었고 다행히 나를 받아주겠다는 교수를 만났는데, 알고 보니 자기 아내의 대화 상대로 나를 연구실에 들인 것이었다. 그는 나를 가르치거나 연구에 끼워줄 생각이 없었다. 마찬가지로 임상 실습을 시작했을 때도 여학생들은 대체로 많은 임상 교수진에게 무시되었다. 그러다 보니 뭔가를 배우려면 아주 적극적으로 달려들어야 한다는 걸 알게 됐다. 여학생은 사람들이 원하지도 존중하지도 않는 존재라는 느낌을 극복하기 어려웠다. 다행히 다트머스 신경과는 당시 신경과가 남성 전문 분야였음에도, 지원을 아끼지 않는 분위기였다는 것만 기억에 남는다.

하루는 뇌분비학 강의 시간에 교수가 고환 여성화 증후군, 오늘날에는 완전 안드로겐 불감성 증후군이라고 부르는 희귀 질환에 대해 강의했다. 이 질환은 염색체가 XY형인 사람의 안드로겐 수용체에 돌연변이가 생기는 바람에 남성호르몬인 테스토스테론에 신체가 반응하지 않아 여성의 겉모습으로 태어나는 경우를 말하며, 이 환자들은 내부 생식기관이 없다. 이 '여성'들은 대개 자신의 상태에 대해 모르는 경우가 많고 염색체형이 XY형이다. 나는 수업 후 충격에 빠졌다. 어쩌면 내가 이 증후군일지도 모른다는 생각이 들었기 때문이다. 그러나 몇 개월이 지난 후 내 의료 기록을 통해 나는 여기에 해당하지 않고 내 염색체형은 XX라는 것을 확인했다.

의학대학원에서 생식기관 장애에 관한 지식을 쌓으면서 나는 성 정체성에 관해서, 그리고 내가 느끼는 성별 혼란과 내 비정상적인 생식기관 사이에 어떤 관계가 있는지 알아보는 데 시간을 보냈다. 태아 시기의 스테로이드계 호르몬 노출이 뮐러관 무발생 증후군을 일으킨다는 증거는 없었다. 게다가 뮐러관 무발생 증후군 환자는 대부분 정상적인 여성 정체성을 지니고 있었다.

성 정체성이라는 용어조차 존스 홉킨스 대학교의 심리학자 존 머니John Money가 최근에 만든 것이다. 그의 관점에서 보면 성 정체성은 타고나는 것이 아니라 완벽한 사회적 산물이었다. 이를 연구로 증명하기 위해 머니는 젖먹이였을 때

포경수술 중 사고로 음경을 잃은 환자의 부모를 설득해 아이를 여자아이로 키우게 했다. 머니는 이 소년이 크면서 정상적인 여성의 정체성을 가지게 되었다고 주장하는 논문을 여러 편 발표했다(그러나 나중에 이는 사실이 아님이 밝혀졌고 머니의 이론은 이후에 완전히 신뢰를 잃었다). 그래서 나는 여전히 혼란스러웠다. 머니가 옳다면 나는 비정상적인 생식기관에도 불구하고 여성의 정체성을 가지지 않을 이유가 없었기 때문이다. 몇 년 전에 뮐러관 무발생 증후군이 유전자 돌연변이와 연관 있다는 것이 밝혀졌다. 그래서 나는 이러한 유전적 결함이 비정상적인 태아 발달로 이어졌고 그로 인해 어머니가 임신 초기에 질 출혈을 보였고 그래서 의사가 어머니에게 테스토스테론 유사 약물을 주었으며 그것이 다시 내 성 정체성에 영향을 주지 않았을까 하고 의심한다.

의학대학원을 마칠 무렵에도 나는 여전히 신경과학과 신경의학에 모두 관심이 있었다. 그래서 신경과학 박사 과정을 시작할지, 신경과 레지던트를 계속해야 할지 결정해야 했다. 꽤 여러 명의 교수에게 의견을 물었지만 모두 자기가 걸어온 길대로 가라고 조언했으므로 별로 도움은 되지 않았다. 나는 서둘러 공부를 마칠 생각이 없었고, 여전히 신경과 의사와 신경과학자 둘 다 될 생각이었다. 나는 인턴(1년)과 신경과 레지던트(3년)를 계속하기로 결정했다.

당시 어머니가 전이성 유방암 진단을 받았기 때문에 어머니가 사는 뉴저지 웨스트 오렌지 가까이에서 인턴을 하고 싶었다. 그래서 뉴욕 맨해셋에 있는 노스 쇼어 유니버시티 병원에서 코넬 대학교와 연계된 프로그램을 일순위로 지원했다. 여기에서 인턴과 레지던트들은 해마다 절반은 노스 쇼어 유니버시티 병원에서, 나머지 절반은 메모리얼 슬로언 케터링 암센터와 뉴욕 병원에서 보냈다. 또한 이 프로그램은 의사 수련 과정과 신경과 수련 과정 모두 훌륭했고, 웨스트 오렌지까지도 차로 45분이면 갈 수 있었다. 다행히 나는 합격했고 1979년 7월에 인턴을 시작했다.

그 시절에는 인턴의 근무시간 제한이 없었다. 인턴 때는 일주일에 110시간, 가끔은 그 이상 일했고, 3일마다 한 번씩 밤에 당직을 섰다. 당직하는 날이면 아예 잠을 못 자거나 운이 좋으면 한 시간 정도 잘 수 있었다. 인턴들은 언제나 그 시간이라도 자는 게 좋다 아니다로 논쟁을 벌이곤 했다(물론 나는 틈만 나면 잤지만). 나머지 이틀 밤에는 대개 자정까지 일했다(그리고 보통 다음날 새벽 6시부터 일과를 시작했다). 스트레스를 이기지 못해 그만두고 떠나는 인턴들도 있었다. 나는 시골에 있는 3년짜리 의학대학원 과정을 마쳤기 때문에 도시에서 학교를 다닌 동료 인턴처럼 잘 준비되지 않았지만, 금세 따라잡았다. 이 시기는 내 인생에서 소위 가장 빡센 시기였다. 지금은 인턴의 근무시간이 일주일에 80시간으로 엄격히 제한되어 있다. 어쨌거나 80시간도 야만적이기는 마찬가지이지만.

인턴을 마치고 신경과 레지던트를 시작했다. 여전히 3일마다 밤에 당직을 서긴 했어도, 야간 업무의 상당 부분이 가장 어린 레지던트에게 주어지기 때문에 해가 갈수록 잘 수 있는 시간이 늘어났다. 레지던트 2년차에 어머니의 암이 빠르게 진행되었다. 나는 어머니를 내가 근무하던 메모리얼 슬로언 케터링 암센터로 옮겨 곁에서 지키고 돌보았다. 하지만 어머니는 얼마되지 않아 돌아가셨다. 어머니는 겨우 40대 중반이었다. 어머니는 정말 훌륭한 어머니였고, 힘든 개인적, 경제적 상황에서도 네 명의 자식을 성공적으로 키워냈다. 어머니가 자식들이 잘 사는 모습, 그리고 손주들을 보지 못하고 돌아가신 게 슬프다.

신경질환은 병에 걸린 당사자에게는 엄청난 손상을 가

하지만 나는 신경과에서 수련하는 모든 순간이 좋았다. 노스쇼어 유니버시티 병원, 메모리얼 슬로언 케터링 암센터, 뉴욕 병원에서 나를 담당한 대부분의 전문의들은 물론이고 동료 레지던트들도 멋진 사람들이었다. 신경과 전문의들은 단 한 명을 제외하고 모두 남자였다. 신경과 과장 중에서는 몇 안 되는 여자 레지던트들에게 공개적으로 매우 적대적이고 무례하게 구는 사람이 있었다. 나는 직접 겪기도 하고 다른 이들이 당하는 것을 보기도 했다. 내 (남자) 동료 레지던트 중에도 종종 뒤에서 자기들끼리나 얘기할 법한 성차별적 발언을 나에게 노골적으로 말하는 사람이 있었다. 그러나 모든 동료 레지던트와 대부분의 다른 전문의는 나를 존중했고 나는 그들이 가르치는 것을 잘 받아들이며 내 일에서 내가 할 수 있는 최선을 다했다.

메모리얼 슬로언 케터링 암센터에 있는 동안 제롬 포스너Jerome Posner 밑에서 일한 것은 행운이었다. 내가 아는 한 포스너는 가장 재능 있는 신경과 의사이자 훌륭한 선생이고 좋은 사람이었다. 나는 마지막 해에 신경과 수석 레지던트로 일했다. 전반적으로 수련 과정은 흠잡을 데 없었고 나는 아주 잘 해냈으며 문제없이 신경과 전문의 자격시험을 통과했다. 그러나 레지던트 과정이 끝날 무렵 나는 모든 수련을 마쳤음에도 환자의 신경 손상이나 병을 돕는 치료법을 제시하지는 못하고 있다는 생각이 점차 커졌다. 이것이 신경과학 연구를 시작하고자 하는 열망을 부추겼다.

대학원 박사 과정

—

7년간의 의사 수련을 마쳤을 때 사람들은 대학원에 가지 말고 차라리 바로 박사 후 연구원으로 넘어가라고 권했다. 나는 신경과학 연구를 해본 적이 없었으므로 연구원으로 시작한다는 것은 별로 끌리는 생각이 아니었다. 게다가 7년간 의학대학원에 있는 동안 신경과학 분야는 폭발적으로 성장하고 있었다. 나는 연구하고 싶은 주제를 선택할 준비가 되어 있지 않았고 우선 이 분야의 큰 그림을 먼저 보고 싶었다. 그래서 신경과학 박사 과정에 지원했다.

나는 신경과학 연구 경험이 없는 신경과 의사를 받아줄 곳이 있을지 몰라 여러 대학에 지원했는데 놀랍게도 지원한 거의 모든 학교에서 나를 받아주었다. 나는 상대적으로 새로 개설된 하버드 의학대학원 신경과학 박사 프로그램을 밟기로 결정했다. 왜냐하면 여기에서는 하버드 의학대학원 쿼드랭글(메인 캠퍼스)에 있는 연구실은 물론이고 주변 하버드 의학대학원 연계 병원에 소속된, 보다 질병 중심의 연구실에서 로테이션을 할 수 있었기 때문이다.

하버드에 들어가기 위해 나는 롱아일랜드 노스 쇼오의 신경의학 병원에서 제안한 고연봉 일자리를 거절했다. 나는 신경과 수련 기간 동안 전기 진단 실험실에서 6개월 동안 일하면서 근전도 검사와 신경전도 검사에 아주 능숙해졌는데, 당시에는 수입이 좋은 기술이었다. 하지만 나는 높은 연봉에 끌리지 않았다. 이런 나를 도저히 납득할 수 없었던 아버지의 말씀이 기억난다. “내가 제대로 이해했는지 말해다오. 그러니까 너는 지금 7년간 비싼 등록금을 내고 다닌 의학대학원을 졸업하고 연봉 20만 달러를 주겠다는 자리가 들어왔는데, 그걸 거절하고 1년에 6000달러를 받는 대학원생이 돼서 처음부터 다시 시작하겠다는 말이냐?” 나는 열정적으로 대답했다. “네, 제대로 알고 계시네요!”

나는 1983년에 대학원 과정을 시작했다. 불행히도 대학원에 들어간 날이 학부와 의학대학원 학비 대출 만기일이 었다. 그래서 대학원 첫 2년 동안 나는 뉴잉글랜드 뱁티스트 병원에서 매주 금요일 밤부터 월요일 아침까지 신경과 전문의로 일하면서, 신경과 환자를 회진하고 근전도 및 신경전도 검사를 하고 신경과 협진을 하고 주중에 하지 못한 많은 처치를 하고 신경과 응급 상황에 대처했다. 이건 몹시 지치는 일이었다. 잠도 충분히 못 자고 공부할 시간도 없었기 때문에 대학원 연구실 로테이션과 강의를 제대로 소화하지 못했다. 처음 두 번의 연구실 실습은 잘 되지 않았다. 그렇게 첫 여름이 빠르게 찾아왔고 세 번째 연구실을 선택할 때가 되었다.

나는 그 무렵에 막 개발된 패치클램프 기술에 관심이 있었다. 패치클램프를 사용하는 실험실 중 가을에 새로 부임할 데이비드 코리David Corey 연구실이 있었는데, 거기는 아직 실험실도 없는 상황이었으므로 다른 연구실을 고려하고 있었다. 나는 아직 예일 대학교에 있는 데이비드에게 전화를 걸어 내가 염두에 둔 다른 연구실 이야기를 꺼냈다. 데이비드는 그 연구실이 나에게 별로 도움이 되지 않을 거라는 걸 알았다. 그러나 경험이 없는 나로서는 혼자서 판단할 수 없는 부분이었다. 데이비드는 나에게 대놓고 그 연구실에 가지 말라고 하는 대신, 가을이면 자기와 일을 시작할 수 있으니 그때까지 다른 연구실에서 패치클램프를 배울 때 도움이 될 만한 다른 기술을 배워보는 게 어떻겠냐고 돌려서 말했다. 그리고 조직 배양 전문인 린다 천Linda Chun 연구실을 추천했다. 마침 그녀의 연구실은 매사추세츠 종합병원에서 데이비드의 새 연구실 바로 옆에 있었다. 데이비드의 조언은 내 경력에 크게 방해가 되었을 형편없는 지도교수를 피하는 데 큰 도움이 되었다. 이는 과학을 배우는 과정에서 운이 얼마나 크게 좌우하는지를 보여준다. 좋은 지도교수를 만나는 것이 대단히 중요한 일임에도 불구하고 대학원 1학년 학생들은 현명하게 선택할 준비가 거의 되어 있지 않다.

다행히 린다 천은 자기 연구실에서 세 번째 로테이션을 하게 해주었다. 린다 역시 아주 젊은 교수로 이제 막 자기 실험실을 꾸렸기 때문에 매일 나와 이야기하고 나를 지도해줄 시간이 많았다. 나는 실험실에 있는 게 정말 좋아지기 시작했다. 내가 린다의 연구실을 선택한 건 데이비드가 추천했기 때문만은 아니었다. 나는 의학대학원 신경과에서 수련하는 동안 신경아교세포에 대해 큰 흥미를 갖게 됐다. 신경아교세포는 1980년대 초반만 해도 여전히 잘 알려지지 않은 분야였다. 그러나 조직학과 병리학 연구를 통해 신경아교세포가 인간의 뇌세포 가운데 큰 부분을 차지하고, 거의 모든 신경 손상 및 신경계 질환 환자의 뇌에서 신경아교세포의 성격이 달라진다는 사실이 분명해졌다.

신경아교세포의 일종인 희소돌기아교세포oligodendrocyte는 신경의 미엘린수초를 형성하는 세포임이 밝혀졌지만, 별아교세포의 역할은 유독 불가사의했다. 건강한 뇌에서 별아교세포는 신경세포를 지지하는 세포로 대체로 수동적이지만, 병에 걸린 뇌에서는 '활성화reactive'되어 속성이 바뀐다고 알려졌다. 그러나 활성화된 별아교세포가 이로운지 해로운지는 알려지지 않았고 하는 일도 명확하지 않았다. 린다의 연구실에서 나는 뇌에서 세포 부유액을 분리하고 신경아교세포를 포함해 세포를 배양하는 법을 배웠다.

린다는 대학원생 때 폴 패터슨Paul Patterson과 함께 신경성장인자에 대한 교감신경세포의 반응에 관해 훌륭한 연구를 진행해왔고 박사 후 과정에는 면역학을 공부했다. 이제 린다는 신경아교세포가 어떤 식으로 면역세포와 교류하는지에 관심이 있었다. 1984년에 중추신경계를 구성하는 다양한 세포를 배양하는 방식은 아직 초기에 머물렀다. 그래서 나는 린다의 연구실에 있는 동안 신경세포와 신경아교세포를 다양한 방식으로 분리, 배양하면서 많은 시간을 보냈다.

린다는 훌륭한 지도교수였다. 그녀는 과학에 대한 열정으로 가득 차 있었고 크고 중요한 질문을 던졌다. 새로운 기술이 나올 때마다 시도했고 위험 부담이 큰 연구도 서슴지 않았다. 나는 린다와 일하면서 많은 것을 배웠다. 또한 매사추세츠 종합병원에서는 레이 애덤스Ray Adams와 C. 밀러 피셔C. Miller Fisher를 비롯해 당대의 전설적인 신경학자들이 여전히 활발히 연구 중이었으므로, 이 병원에서 일하는 것이 즐거웠다. 신경과 레지던트 시절에 이들의 논문을 많이 읽었는데, 사례 발표 시간에 유창한 말솜씨로 환자에 대해 논의하는 것을 직접 들으니 전율이 돋았다.

1984년 가을, 박사 과정 2년째를 시작하면서 나는 데이비드 코리의 연구실에서 네 번째 로테이션을 시작했다. 실험실에는 아직 아무도 없었으므로, 대단히 운이 좋게도 데이비드는 나를 가르치고 이야기할 시간이 많았다. 과학자로서 나는 여전히 미숙함투성이였고 의학대학원에서 수련한 시간들이 연구 능력에는 별 도움이 되지 않았다. 그래서 나는 처음부터 제대로 지도를 받아야 했다. 데이비드는 실로 감탄할 정도로 훌륭하고 배려심이 많은 지도교수였다. 대단히 재능 있고 철저한 과학자일 뿐 아니라 학생을 지도하는 멘토로서 자질에도 크게 신경을 썼다. 이후에 내가 지도교수가 되었을 때 그를 따라하려고 애썼지만 언제나 그의 기준에는 한참 미치지 못한다는 기분이 들었다.

데이비드가 지도교수로서 한 일을 몇 가지 말해보자면, 그는 나를 데리고 신경생물학 강의를 들었고 강의 후에는 꼭 질문을 하게 했다. 내가 흥미로운 실험 데이터를 가져가면 거기에 관심을 가질 만한 다른 교수와 약속을 잡고 논의하게 했다. 학교를 방문한 외부 과학자들과 만날 때면 언제나 그 자리에 나를 동석시켰다. 처음에 난 과묵하게 자리를 지켰으나 어느새 수줍음이 사라졌다. 교수들은 친절했고, 관심을 가질 만한 발견이라면 열띤 토의를 마다하지 않는다는 걸 알았기 때문이다. 나는 매번 많은 것을 얻었다. 데이비드는 언제나 학생을 지도하고 의사인 나를 과학자로 성장시키는 데 집중했다. 콜드스프링하버연구소에서 수업을 듣게 하고 여러 학회에 참석하게 했다. 데이비드가 하워드휴스의학연구소 연구진이라는 사실도 큰 도움이 되었다. 덕분에 실험실에는 연구비가 충분했고 나는 언제든 새로운 방법을 시도하고 말도 안 되는 실험 아이디어가 떠올라도 얼마든지 시험해볼 수 있었다.

내게 패치클램프를 가르칠 무렵 데이비드의 실험실은 여전히 정리 중이었다. 데이비드는 내이(內耳)의 유모세포에서 일어나는 기계적 신호전달을 연구했는데 그가 실험에 사용하는 황소개구리가 도착하지 않은 관계로 데이비드는 대신 내가 린다 천의 연구실에서 배양법을 배운 신경아교세포로 연습하자고 제안했다. 아무리 연습이라도 실험은 끔찍하게 지루하리라고 예상되었다. 왜냐하면 당시에는 흥미로운 전압 의존성 이온채널과 신경전달물질 수용체를 만드는 것은 모두 신경세포이고 신경아교세포에서는 활동전위가 발생하지 않아서 이온채널이나 신경전달물질 수용체가 생성되지 않는다고 알려졌으므로 패치클램프를 시도해도 눈에 보이는 결과가 없을 게 뻔했기 때문이다.

나는 패치클램프를 빨리 배웠다. 그런데 놀랍게도 별아교세포와 희소돌기아교세포 모두 전기적으로 흥분되지 않는 세포임에도 세포 표면에서 이온채널은 물론이고 광범위한 신경전달물질 수용체가 발현되었다. 나는 데이비드의 연구실에 정식으로 합류하기로 결정했다(린다는 공동 지도교수로 훌륭한 역할을 해주었다). 그리고 6년간 신경아교세포에 존재하는 다양한 종류의 이온채널의 목록을 작성 및 설명하고 그 특징과 속성을 신경세포의 이온채널과 비교했다. 패치 클램프는 새로운 기법이었으므로 기술적인 어려움이 있었다. 기가옴의 전기 저항을 생성하고 세포의 이온채널로 전기가 새지 않게 집어내는 방법을 알아내기까지 많은 노력을 했다. 더구나 실험 결과를 분석하는 데 필요한 컴퓨터 프로그램도 없었다. 나는 내 컴퓨터 프로그래밍 기술을 사용해 이 프로그램의 상당 부분을 (대체로 즐겁게) 직접 제작했다.

대학원 2년차, 데이비드의 연구실에 처음 들어갔을 때 나는 연구에 완전히 몰입하지 못했다. 여전히 대학원 필수 과목을 수강했고 밤에는 아르바이트하면서 대출을 갚아야 했기 때문이다. 늘 잠이 부족했고 강의 중에 졸다가 걸리기도 했다. 어느 월요일 아침이었다. 그날도 주말 내내 밤새워 일하느라 유난히 녹초가 되어 거의 잠을 자지 못하고 몸을 질질 끌다시피 해서 실험실에 나왔다. 데이비드는 내 지친 몸 상태를 보더니 왜 그렇게 자신을 혹사시키느냐고 물었다. 돈이 필요해서라고 말했더니 데이비드가 큰소리로 외쳤다.

"그게 다야?"

데이비드는 박사 후 연구원 수준의 월급을 줄 테니 밤 근무를 그만두라고 제안했다. 마침 데이비드에게는 하워드 휴스 연구비로 박사 후 연구원을 고용할 여유가 있었고 나에게는 박사급 전문의 자격증이 있었기 때문이다. 6000달러였던 연봉이 1만 7000달러로 늘어나면 먹고살기에 충분했다. 나는 데이비드의 친절한 제안을 바로 받아들였고, 하버드 기숙사에서 나와 실험실에서 한 구역밖에 떨어지지 않은 비컨 힐의 바퀴벌레가 들끓는 작은 아파트로 옮겼다. 덕분에 잠을 더 자고 스트레스를 덜 받게 되면서 갑자기 수업과 실험실에서도 훨씬 잘 해내기 시작했다. 의사과학자 중에도 임상과 연구 활동을 조화롭게 해내는 사람이 많이 있겠지만, 적어도 나는 한 번에 여러 일을 할 수 있는 사람은 아닌 것 같다. 신경과 진료가 그립긴 했지만 이후로 연구와 임상 진료를 함께 하는 일은 없었다.

게다가 나는 연구가 너무 좋았다. 벨연구소에서 그랬던 것처럼 나는 실험실에서 벗어나고 싶지 않았다. 밤에도 주말에도 휴일에도 언제나 실험실에 있었다. 잠은 죽지 않을 정도로만 잤고(인턴 시절의 경험으로 미루어보면 나는 별로 잠을 안 자도 살아남을 수 있었다) 휴가도 가지 않았다. 딱 한 번 유난히 피곤해서 일주일간 명절을 보내러 마이애미비치에 간 적이 있었는데, 오후 4시에 마이애미에 도착해 호텔에 들어가자마자 침대에 쓰러져 다음 날 아침까지 잤다. 그리고 바닷가에서 한 15분쯤 거닐다 아무래도 실험실에 있는 게 낫겠다 싶어 그길로 보스턴으로 돌아왔다!

학위 논문 계획서를 쓰면서 나는 세계 최고의 하버드 의학대학원 도서관에서 신경아교세포에 대해 지금까지 알려진 지식과 연구 방법을 공부했다. 초기 신경조직학 연구 논문을 읽으면서 근대 뇌과학의 아버지라 불리는 산티아고 라몬 이 카할Santiago Ramón y Cajal Cajal이 신경아교세포가 무엇이고 어떤 일을 하는지 궁금해했다는 걸 알았다. 카할은 더 나은 실험 기법이 나올 때까지 신경아교세포의 역할은 의문에 싸여 있을 것이라고 결론지었다. 나는 최신 연구를 찾아 읽었지만, 구체적인 실험 방법은 거의 나와 있지 않았으므로 이 모순된 상황에 절망했고 어떻게 하면 일을 진행할 수 있을지 고민했다. 그러던 어느 날 우연히 유니버시티 칼리지 런던의 교수인 마틴 래프Martin Raff 박사의 최근 논문을 읽게 되었다. 래프 역시 신경과 레지던트 과정을 거쳐 면역학 분야에서 훌륭한 연구를 해온 과학자였다. 그는 당시 면역학 기술을 사용해 중추신경계의 다양한 신경아교세포를 해부하기 시작했고 그에 관한 첫 논문이 1980년대 초반에 막 발표되던 참이었다.

래프의 논문들은 대단히 우아하고 아름답게 쓰여 있었다. 래프는 중추신경계 가운데 비교적 단순한 시신경을 연구 대상으로 삼았고, 배양된 시신경 세포에 희소돌기아교세포를 비롯해 제1형 별아교세포[1A]와 제2형 별아교세포[2A], 두 유형의 별아교세포가 있음을 보였다. 또한 자신이 희소돌기아교세포-제2형 별아교세포 전구세포[O2A]라고 이름 붙인 새로운 형태의 신경아교세포 전구세포도 발견했다(제2형 별아교세포가 특정 조건하의 시험관에서는 왕성하게 생성되지만, 생체 내에서는 거의 존재하지 않는다는 사실이 명확해진 후에 '희소돌기아교세포 전구세포'로 재명명되었다). 가장 흥미를 끈 것은 그가 각기 다른 종류의 세포를 식별하기 위해 다양한 항체를 찾아 만들었다는 점이었다. 1A와 2A는 둘 다 GFAP 항원을 발현했고, 1A는 Ran2 항원을, 2A는 O2A처럼 A2B5 항원을 발현했다. 희소돌기아교세포는 갈락토세레브로시드를 발현했다.

래프의 연구실에서 개발한 배양 조건으로 앞에서 언급한 모든 세포 유형은 물론이고 이 세포들이 발달하고 성숙하는 과정까지 연구할 수 있었다. 더구나 시신경은 망막신경절세포에서 모든 축삭돌기가 나오고 간단한 수술로 축삭돌기를 절단할 수 있으므로 신경세포와 신경아교세포 사이의 상호작용을 연구하기에 안성맞춤이었다. 이내 나는 시신경이야말로 여러 종류의 신경아교세포가 생성하는 이온채널과 신경전달물질의 속성을 비롯해 신경세포가 신경아교세포의 전기생리학적 속성에 미치는 영향의 본질을 연구하는 완벽한 시스템이 되리라는 걸 깨달았다.

내가 데이비드와 이 논문에 대해 신나게 이야기할 무렵 데이비드는 마침 마틴 래프가 MIT에 와서 강연을 한다는 정보를 입수했다. 강연 날짜가 되자 데이비드는 나와 같이 가겠다고 했는데, 데이비드의 연구 분야는 눈이 아닌 귀의 유모세포였으므로 나는 놀랐다. 데이비드는 강연에 일찍 가자고 서둘렀고 마틴 래프가 발표 슬라이드를 준비할 때 강당에 다른 사람이라고는 우리밖에 없었다. 데이비드는 그에게 가서 나를 소개하고 질문을 하라고 시켰다. 나는 이제 막 대학원 2년차였으므로 아직 부끄러움을 많이 탔다. 못하겠다고 했지만 데이비드는 고집했고 심지어 뒤에서 지키고 앉아 있었기 때문에 어쩔 수가 없었다. 마침내 나는 수줍게 마틴에게 다가갔는데 그는 아주 친절하게 내 질문에 답해주었다. 마틴의 명쾌한 강연이 끝나자 데이비드는 가서 또 다른 질문을 하라고 했다. 나는 물어보고 싶은 게 정말 많았기 때문에 데이비드가 그 자리에서 내가 질문할 수 있게 해준 게 기뻤다. 그러고 나서 얼마 되지 않아 데이비드는 마틴에게 연락해 내 박사학위 논문 심사위원이 되어줄 것을 요청하라고 했다. 나는 마틴이 수락하리라고는 상상할 수 없었으나 놀랍게도 그는 친절히 동의했다.

박사 과정 자격시험을 치르는 자리에서 마틴은 도움이 되는 많은 제안을 했고 이때부터 활발한 교신이 시작되었다. 아직 인터넷이 개발되기 전이었으므로 나는 보스턴에서 영국까지 우편을 통해 마틴에게 질문하거나 최신 실험 결과를 보여주었고 그는 내 질문에 답하거나 자신의 연구실에서 진행 중인 연구에 대해 알려주었다. 마틴은 과학에 대한 열정으로 가득 찬 사람이었다. 나는 박사 과정을 시작한 지 얼마 되지 않았지만, 벌써 마틴의 연구실에서 박사 후 과정을 하게 된다면 얼마나 좋을까 생각했다. 하지만 마틴이 나를 받아줄 거라는 확신은 없었는데 종종 그가 다른 사람들에게 실험실에 자리가 없어서 연구원으로 받아줄 수 없다고 말하는 걸 들었기 때문이다. 그러나 그와 상관없이 내 연구에 대해 아주 큰 도움이 되는 생각과 제안을 던져주었으므로 그는 데이비드, 린다와 함께 세 번째 대학원 지도교수나 다름없었다.

대학원 시절에 연구한 내용을 자세히 설명하지는 않겠지만, 내가 밝혀낸 몇 가지 흥미로운 발견을 말하자면, 우선 제1형 및 제2형 별아교세포, 희소돌기아교세포 전구세포, 희소돌기아교세포가 모두 시험관 및 생체 내에서 다양한 이온채널 종류들을 생성하고, 특히 희소돌기아교세포 전구세포의 경우에는 AMPA 글루타메이트 수용체를 발현한다는 사실을 보였다.[1] 또한 세포 배양시 배지에 혈청이 들어가면 신경아교세포가 발현하는 이온채널에 커다란 영향을 준다는 것을 알아냈다.[2] 별아교세포는 흥분성 세포가 아님에도 세포막에 전압 의존성 나트륨 채널이 존재한다는 것을 발견했고, 신경아교세포의 나트륨 채널을 분석하여 신경세포의 나트륨 채널과 비교하고 이들이 반응 속도와 전압 민감도 등에서 서로 다른 속성을 지녔음을 밝혔다.[3]

나는 린다 천과의 협업을 통해 면역패닝 기법으로 망막신경절세포를 정제하는 간단한 방법을 개발했다. 하지만 정제된 세포는 배양 과정에서 빠르게 죽었다.[4] 뒤에서 설명하겠지만 이 세포들이 신경아교세포와 어떻게 서로 작용하는지 연구하려면 세포가 살아 있어야 하는데 그건 여러 해가 지나서야 가능하게 되었다. 또한 나는 희소돌기아교세포에 있는 주요 이온채널은 내향성 칼슘 채널이며 발달 과정 끝에 빠르게 자리 잡는다는 사실을 보였다.[5] 이 채널은 1A 별아교세포에 의해서도 많이 발현되었는데, 한 세대가 태어난 직후에는 존재하지 않다가 망막신경절세포의 축삭돌기가 절단되지 않는 한 약 일주일 뒤에 나타났다. 망막신경절세포의 축삭돌기가 절단된 경우에는 채널이 전혀 나타나지 않았는데 이는 신경세포가 발현을 유도한다는 것을 암시했다.[6]

별아교세포와 희소돌기아교세포가 불가사의한 전압 의존성 염소 채널을 높은 수준으로 발현하고 그럼으로써 이 채널이 절단된 패치에서 활성화된다는 관찰을 바탕으로[7], 나는 별아교세포가 신경세포의 활성 중에 공간적 완충 작용이 아니라 근육 세포에서처럼 K^+, Cl^-, 그리고 물을 축적함으로써 칼륨을 축적한다고 제안했다. 그러나 분명히 밝혀지지 않은 신호가 아직 있을 것이다. 그 신호는 신경세포에서 발생하여 염소 채널을 활성화하고 나중에 활성이 끝난 다음 축적된 K^+를 신경아교세포로 돌려놓는 것으로 보인다. 이 가능성은 아직 연구되지 않았지만 여전히 흥미롭다고 생각된다. 손상된 뇌는 대개 상처를 입은 즉시 빠르게 부어오르는데, 위와 같은 신경세포 신호의 방출은 뇌가 붓는 이유와 이를 치료하는 방법을 개발하는 아이디어를 줄 것이다.

나는 실험을 좋아했기 때문에 여러 편의 논문을 쓸 수 있는 데이터를 쌓아갔지만, 정작 논문을 쓰는 일은 미루고 있었다. 논문이란 걸 써본 적도 없었고 실험을 하고 데이터를 만드는 일에 비하면 지루했기 때문이다. 데이비드는 점점 실망했다. 학위 논문과 상관없는 다른 실험들에 손을 대는 습성도 문제였다. 박사 과정 3년차 어느 날 밤에 나는 다운스 균질기를 사용해 어떤 핵을 분리한 다음, 형광으로 염색하고 패치클램프로 집어 핵막에 어떤 이온채널들이 있는지 보려고 했다. 나는 데이비드가 모르도록 밤늦게 실험했는데, 밤 10시쯤 갑자기 그가 나타났다. 데이비드가 무슨 실험을 하느냐고 물었지만 나는 "별거 아니에요. 맨날 하는 일이죠"라고 대답했다. 그는 "어디 좀 봅시다"라고 말하더니 현미경 앞에 앉아 접안렌즈에 눈을 대고 보았고… 뭐, 나는 딱 걸렸다. 데이비드는 말없이 1분을 앉아 있었는데 기분이 좋지 않아 보였다. 그는 나를 바라보더니 말했다. "언젠가 집중하는 법을 깨우친다면 훌륭한 과학자가 될 거다." 그게 데이비드였다. 꾸짖을 때조차 배려심이 넘쳤고 친절했다.

박사 4년째에 여전히 논문이 하나도 나오지 않자 데이비드는 최후의 수단으로 실험실 출입을 금지했다. 집으로 컴퓨터를 들려 보내면서 논문을 한 편이라도 쓰기 전에는 실험실로 돌아오지 말라고 했다. 실험실에 있지 못하는 건 끔찍하게 괴로운 일이었다. 그래서 나는 기록적인 속도로 논문을 썼다. 졸업할 무렵, 나는 여섯 편의 주요 논문을 썼다. 그중 다섯 편이 『뉴런Neuron』에 실렸고, 첫 논문은 『글리아 Glia』 창간호를 시작하는 논문이었다. 또한 신경아교세포의 이온채널에 관한 긴 논문이 『신경과학 연간 리뷰Annual Review of Neuroscience』에 실렸다[8]. 그뿐 아니라 몇 편의 다른 리뷰 논문과 논평 논문을 썼다. 논문의 편수는 많았지만 패치클램프 기법은 새로운 기술이었고 쉽게 쓸 수 있는 논문거리는 많았다.

비록 이온채널 생물물리학에 관해 엄청난 것들을 배웠

지만, 이 논문들은 대체로 서술하는descriptive 것에 그쳤고 신경아교세포가 실제로 뇌에서 어떤 일을 하는지에 대한 신선하고 실질적인 아이디어를 제공하지는 못했다. 나는 박사 또는 박사 후 연구원들에게는 한 편의 좋은 논문이 여러 편보다 낫다고 늘 학생들에게 말한다. 중요한 질문을 던지고 답을 향해 한 걸음씩 나아가라고 말이다. 이는 1980년대에는 하기 힘든 일이었다. 그러나 이제는 실험 방법과 기술이 엄청나게 발전하면서 무엇이든 학생과 연구원들의 손이 닿는 곳에 있고, 연구실을 운영한다는 것이 커다란 즐거움이 되었다.

대학원 과정을 거치며 장애가 되는 기술적인 요인이 많이 있었지만, 결국엔 해결해냈다. 나는 신경아교세포를 살아있는 상태로 분리하고, 세포에서 안정적으로 패치클램프 기록을 측정하는 방법 등을 알아냈지만 여기에서 장황하게 설명하지는 않겠다. 박사 3년차에 나는 데이비드와 함께 하워드휴스의학연구소를 방문했다. 아주 유명한 과학자들이 모여 데이비드 연구실에서 어떤 연구가 이루어지는지 경청했다. 데이비드는 유모세포와 신경아교세포 연구를 둘 다 발표했는데, 유모세포 연구는 아주 높은 평가를 받았지만, 신경아교세포 연구는 (완곡하게 말해) 별로 깊은 인상을 주지 못했다. 이 일로 난 어쩌면 신경아교세포 연구를 그만두고 유모세포 연구를 하는 게 맞을지도 모른다고 생각하게 됐다. 사실 데이비드 실험실은 꽤 작은 편이었고 데이비드가 나에게 유모세포가 아닌 신경아교세포를 연구하도록 허락해준 것조차 정말 대단한 일이었다. 그래서 나는 한동안 유모세포를 가지고 일했고 유모세포 논문에 이름을 올리기까지 했다.

사실 이 논문에서 내가 실험한 건 하나도 없었다. 생화학 분석을 위해 유모세포 부동섬모를 분리하는 간단한 방식을 제안했는데, 데이비드는 그걸 "번들 블롯bundle blot"이라고 불렀고 꽤나 쓸 만했다. 그러나 몇 달이 지나자 어느새 나는 다시 신경아교세포에 대해 생각하고 있었다. 신경아교세포의 정상적인 기능과 질병에서의 역할에 대해 알고 싶은 것이 너무 많았다. 나는 하워드휴스의학연구소에서 받은 대단히 부정적인 평가에도 불구하고 어쨌든 계속해서 신경아교세포와 씨름해보기로 했다. 하워드휴스 사람들이 내 연구에 대해 대체로 서술에 불과하다고 한 것은 옳은 지적이었다. 그러나 당시에는 깨닫지 못했지만, 그때 나는 미래에 신경아교세포에 관한 질문에 대답할 수 있도록 실험법을 개발하고 기틀을 마련하고 있었다. 언제나처럼 데이비드는 아낌없이 지원해주었고 다시 신경아교세포 연구로 돌아갈 수 있게 북돋아주었다. 비록 유모세포를 가지고 많은 일을 하지는 않았지만, 데이비드와 연구실 사람들이 기발한 실험을 통해 유모세포 전도 현상의 기본 메커니즘 규명 과정을 지켜보는 것은 분명 무한한 영광이자 특권이었다.

대학원을 다니는 동안 내 성 정체성은 갈수록 나를 괴롭혔다. 여전히 누구에게도 이야기할 수 없었고 자살 충동까지 느끼면서 스스로 목숨을 끊는 구체적인 방식을 생각해보기까지 했다. 이런 나 자신이 두려워 평생 처음으로 정신과 의사를 만나 이야기해보기로 했다. 나는 하버드 정신과 의사를 만나 약 10분 동안 진료를 받았다. 자살하고 싶은 생각이 든다고 얘기했지만 너무 수치스러워 차마 성별 혼란에 대해서는 말할 수 없었고 물론 의사도 그것에 대해 물어보지 않았다. 의사의 질문 중 기억나는 것은 친구나 형제자매, 부모 등 가까운 사람이 있느냐는 것이었고 나는 없다고 대답했다. 짧은 대화 끝에 그는 나에게 "사랑하는 능력이 없다"라고 단언했다. 정말 그게 문제일지도 모른다고 의심했지만 지금은 잘 모르겠다.

어떻든 간에 이 의사나 다른 정신과 의사를 또 만나봐

야겠다는 생각은 없어졌다. 물론 자살에 대한 생각은 그대로였다. 마침내 나는 용기를 내어 데이비드에게 자살 충동에 대해 이야기했다. 하지만 나는 그가 내 말을 믿지 않았다고 생각한다. 왜냐하면 나는 남들 앞에서 우울해 보이지 않았기 때문이다(나도 내가 우울했다고 생각하지는 않는다. 그리고 임상 우울증을 겪은 적도 없었다). 그러나 데이비드는 자기가 아는 사회복지사와 상담을 할 수 있게 약속을 잡아주었고 나는 여러 달 동안 그녀와 주기적으로 이야기했다. 이번에도 난 내 성별 혼란에 관한 이야기는 꺼내지 않았다. 그러나 낮은 자존감에 대해 많은 이야기를 나누었다. 마침내 나는 기분이 좀 나아졌고 언제나 그랬듯이 일에 파고드는 것으로 문제를 해결하며 지냈다.

대학원에서는 의사 수련 과정 때보다 상대적으로 성차별을 덜 느꼈던 것 같다. 교수진은 대부분 남자였지만 적어도 몇몇 대단한 여자 교수들이 있었다. 당시에는 많은 남자 교수가 대학원생이나 연구원들과 관계를 맺었는데, 대개는 처벌받지 않았고 결과적으로는 대개 학생이나 연구원이 피해를 보았다. 나는 그런 관계들을 보는 게 불편했다. 최근 몇 년간 미국에 있는 최고 대학들이 그런 관계를 통제하는 확실한 정책을 실시하는 것은 대단한 발전이다. 대학원에서 성차별이 직접적으로 나에게 영향을 주었다고 느낀 적은 딱 한 번 있었다.

대학원 마지막 해에 나는 엘리트 경력 전환상elite career transition award에 지원했는데, 선발된다면 박사 후 과정에 필요한 경제적 지원뿐 아니라 언젠가 내 연구실을 꾸리게 될 때 필요한 자금까지 마련할 좋은 기회였다. 하버드는 전국 경쟁에 두 명의 후보를 내보낼 수 있었는데 그 둘 중 하나가 나였다! 하버드 학장은 나에게, "말하면 안 되지만, 당신이 두 명의 후보 중 하나입니다. 다른 후보(남자였는데)는 당신보다 조건이 훨씬 부족합니다. 당신은 최고 저널에 여섯 편의 논문을 냈지만, 그는 한 편밖에 없습니다. 게다가 당신의 추천서가 훨씬 강력합니다. 틀림없이 당신이 이 상을 탈 거예요." 그러나 결국은 저쪽 남자가 상을 가져갔다. 물론 그도 매우 재능 있는 사람이었겠지만, 수상 후 1~2년 만에 학교를 떠나 생명공학 회사를 차렸고, 그래서 상금을 포기해야 했다. 공정성의 문제를 떠나 나는 다른 곳에서 박사 후 과정 지원금을 받았으므로 크게 신경 쓰지 않았다.

나는 하버드 의학대학원 신경과학과에서 박사 과정을

밟게 된 것을 운이 좋았다고 생각한다. 어느 면에서 보나 뛰어난 프로그램이었다. 박사 과정 7년차가 끝날 무렵, 데이비드는 나를 졸업시켜야겠다고 결정했고, 나는 성공적으로 학위 심사를 통과했다. 나는 아직도 데이비드가 심사위원들에게 나를 소개하며 했던 마지막 문장을 기억한다. 그는 내 논문들을 일일이 언급하면서, "이 정도면 바버라는 대부분 대학에서 종신 교수직을 받아도 될 것입니다. 그럼 이제 바버라가 하버드에서 박사학위를 받을 만한지 한번 봅시다!" 나는 이 말을 생각하면 미소가 지어진다. 어쨌든 나는 여전히 하고 싶은 실험이 많았고 굳이 서둘러 실험실을 떠나고 싶지 않았다. 그러자 결국 어느 날 데이비드가 나에게 더 이상 월급을 줄 수 없다고 말했다.

그의 말뜻을 이해한 나는 박사 후 과정으로 옮겨갔다. 그러나 데이비드의 연구실을 떠나는 건 정말 가슴 아픈 일이었다. 나는 데이비드에게서 여러모로 아버지상을 보았다. 나는 그를 과학자이자 스승이자 친구로 깊이 존경했다. 그는 언제나 나에게 친절했고 많은 것을 가르쳐주었고 발표 때마다 함께 리허설을 준비하느라 한없는 시간을 할애했고 내 논문을 봐주었다. 데이비드의 연구실에서 받은 수준 높은 교육과 지도는 내가 과학계에서 성공할 수 있었던 열쇠였다. 데이비드는 계속해서 대단히 성공한 과학자들을 길러냈다(코리 연구실 출신 중 10명이 하버드 대학교 교수이다. 내가 제안받았지만 거절한 것까지 치면 11명). 연구실을 떠날 때 나는 마음이 찢어지는 것 같았다. 연구실에서의 마지막 날에 나는 매사추세츠 종합병원 뒤뜰에 앉아 울었다. 그리고 송별회에서 태어나서 처음으로 취했다. 나는 비컨 힐에 있는 아파트로 돌아가 바퀴벌레와 함께 마지막 밤을 보내고 다음 날 런던으로 떠났다.

박사 후 과정

나는 1990년에서 1993년까지 마틴 래프의 실험실에서 박사 후 연구원으로 일했다. 박사 과정 4년차 하루는 마틴이 매사추세츠 종합병원으로 나를 찾아왔고 나는 용기를 내어 그의 연구실에서 일해도 좋은지 물어보았다. 염려했던 대로 이내 그는 안 된다며 별로 좋지 못한 생각이라고 했고, 나는 상처를 받았다. 그러나 마침내 마틴은 정말 그렇게 원한다면 유니버시티 칼리지 런던에 있는 자신의 연구실에 방문해도 좋다고 했다. 그는 아주 오래된 건물에서 대학원생도 없이 박사 후 연구원만 있는 아주 작은 실험실을 운영하고 있었다. 나는 이렇게 작은 실험실이 세포생물학, 면역학, 신경과학 연구에 크게 공헌한 본거지라는 것이 믿기지 않았다. 결국 마틴은 자기 연구실에서 박사 후 연구원으로 일해도 좋다고 허락했다. 그런데 그때 나는 내가 박사를 받기까지 몇 년이 더 걸린다는 말을 하지 않았던 것 같다(영국에서는 대개 3~4년이면 박사학위를 받으니까). 그래서 실험실에 도착해 마틴이 그 작은 실험실에 나를 위한 실험대를 몇 년이나 비워 두고 있었다는 걸 알았을 때 엄청난 죄책감을 느꼈고 지금도 여전히 미안하다. 그러나 마틴은 이에 대해 나에게 한마디도 하지 않았다.

나는 박사 후 과정에 필요한 비용을 마련해야 했다. 갚아야 할 학자금 대출이 남아 있었고 해외로 나가는 비용을 지원하는 장학금은 거의 없었기 때문이다. 운 좋게 나는 국립 다발성 경화증 협회National Multiple Sclerosis Society와 생명과학 연구재단Life Sciences Research Foundation 두 군데에서 지원금을 받았다. 이 지원금은 각각 1만 8500달러의 연봉에다 해외 연구를 허용했다. 내가 공부한 햇수를 고려해 국립보건원 권장 연봉을 찾아봤더니 3만 7000달러였다. 그래서 나는 두 조직에 내가 지원금을 동시에 받아도 되는지 물어보았는데 놀랍게도 기꺼이 동의해주었다. 나는 크게 마음이 놓였다. 특히 생명

과학 연구재단에서는 너그럽게도 연간 1만 5000달러의 실험 비용을 보조해주었고, 그 지원금은 아주 유용하게 쓰였다. 이 두 조직이 크게 인심을 쓴 덕분에 내 박사 후 과정이 가능했다.

마틴의 연구실에서 첫해에 나는 그의 조언을 별로 듣지 않았다. 적어도 여섯 개의 프로젝트를 수행하며 열심히 그리고 많이 일했다. 그러나 모든 프로젝트가 차례로 하나씩 실패했다. 첫해가 끝날 무렵 여섯 번째 프로젝트까지 실패한 날 밤, 근처 킹스 크로스에 있는 아파트로 걸어가던 때가 기억이 난다(계약할 때는 몰랐지만 아파트가 '홍등가' 구역에 있어서 새벽 3시나 4시에 일을 끝내고 집으로 걸어갈 때면 종종 성관계 제의를 받곤 했다). 그날 밤 집으로 걸어가면서 인생 처음으로 어쩌면 내가 과학자가 될 자질이 없고 능력도 없는 사람인지도 모른다는 생각에 영혼이 파괴될 지경이었다. 말할 것도 없이 내 연구 경력에서 가장 바닥까지 내려간 때였다. 그러나 사실은 실패한 모든 실험에서 많은 것을 배웠다는 걸 깨닫지 못했다. 어쨌든 그때부터 나는 마틴의 조언을 더 귀 기울여 듣기 시작했다.

당시 마틴은 세포가 죽는 이유에 관해 막 관심을 가지

려던 참이었다. 그때까지 특정한 종류의 면역세포와 신경세포만 죽는다고 여겨졌으나 마틴은 이것이 신경아교세포를 포함해 훨씬 보편적인 세포의 속성일지도 모른다고 깨닫기 시작했다. 마틴은 이단적인 발상을 제안했다. 프로그램된 세포의 죽음을 뜻하는 세포사멸이란, 모든 종류의 세포에 적용되는 보편적인 속성이며 죽지 않으려면 이웃하는 다른 종류의 세포로부터 꾸준히 자살을 말리는 신호를 받아야 한다는 것이다. 나는 그의 가설이 아주 기발하다고 생각했다. 그렇다면 과거에 린다 천과 함께 신경아교세포를 정제하기 위해 개발한 면역패닝 방법을 수정하면 망막신경절세포를 정제할 수 있을지도 모른다는 생각이 들었다. 그러면 세포사멸에 대한 망막신경절세포의 취약성을 시험할 수 있을 뿐 아니라 세포 유형의 특성과 죽음을 억제하는 신호전달 분자를 연구하는 것이 가능했다. 마틴의 연구실에 있던 박사 후 연구원 이안 하트Ian Hart는 배양된 희소돌기아교세포 전구세포와 희소돌기아교세포가 종종 세포사멸을 겪는다는 걸 인지했다. 마틴의 또 다른 박사 후 연구원인 샘 데이비드Sam David는 근위 시신경이 뭉개졌을 때(즉, 망막신경절세포로부터의 신호가 박탈되었을 때) 희소돌기아교세포가 세포사멸을 겪는다는 것을 확인했다.

마틴이 이미 여러 유형의 시신경 신경아교세포를 각각 인지하는 항체를 식별하고 제작했기 때문에 시신경에서 순수한 희소돌기아교세포 전구세포, 희소돌기아교세포, 별아교세포를 정제하기 위한 면역패닝은 간단히 개발할 수 있었다.[9] 나는 정제된 망막신경절세포가 그랬던 것처럼 위의 세포들이 무혈청배지에서 배양했을 때 빠르게 세포사멸이 진행된다는 것을 확인했고 이는 마틴의 가설과도 맞아떨어졌다. 반면, 정제된 세포를 다른 유형의 세포 또는 다른 유형의 세포에서 분비된 펩타이드 영양인자와 함께 배양하면 세포사멸이 일어나지 않았다.[10] 예를 들어, 별아교세포는 희소돌기아교세포 전구세포의 생존과 증식, 그리고 새로 형성된 희소돌기아교세포의 생존을 강하게 촉진했고, 혈소판유래성장인자PDGF-AA, 섬모신경영양인자CNTF, 백혈병억제인자LIF, 인슐린유사성장인자IGF1, 포스콜린(고리형 아데노신 일인산cyclic adenosine monophosphate, cAMP 수치를 높인다)이 이 같은 현상을 유도했다. 게다가 정상적으로 발생하는 시신경을 보았더니 새로 형성된 희소돌기아교세포의 일부가 정상적인 세포사멸을 겪고 있었다(그리고 한 시간 만에 세포의 시체는 미세아교세포에게 잡아먹혔다).

우리의 실험은 새로 생성된 희소돌기아교세포의 절반이 정상적인 발생 과정 중에 세포사멸을 겪는다는 사실을 보여주었다.[11] 시신경을 잘랐더니 희소돌기아교세포 계열의 세포가 대량으로 죽었다. 그러나 PDGF나 CNTF와 같은 외부 펩타이드 영양인자를 추가하면 세포의 죽음을 막을 수 있었다.[12] 이 실험 결과는 마틴의 가설을 강하게 뒷받침하는 한편, 새로 형성된 희소돌기아교세포는 축삭돌기에서 제한된 양의 영양인자를 두고 경쟁하며, 생성된 후 며칠 안에 수초로 감쌀 축삭돌기를 찾지 못하면 미엘린 수초화가 완료된 영역에서처럼 죽음을 맞이한다는 모델을 제시했다.[13] 여기에 관여하는 축삭돌기 신호가 무엇인지 여전히 알지 못하지만, 최근에 우리 연구실의 박사 후 연구원 루 선Lu Sun은 발생 중인 희소돌기아교세포에서 세포의 생존을 강하게 통제하고 축삭돌기 신호를 끌어내는 전위를 가진 신호 경로를 발견했다.

또한 놀랍게도 나는 발생 중인 시신경에서 희소돌기아교세포 전구세포의 증식률이 망막신경절세포의 전기적 활성에 의해 강하게 자극된다는 것을 알아냈다.[14] 전통적으로 희소돌기아교세포 계열의 세포 배양에 사용된 무혈청배지의 성분을 이리저리 실험해보다가 배지에 희소돌기아교세포 전구세포를 증식시키는 혈소판유래성장인자가 있을 때, 갑상선 호르몬이 배지에서 제외된 경우에는 희소돌기아교세포가 생성되지 않는다는 사실을 우연히 발견했다.[15] 갑상선 호르몬이 중추신경계의 미엘린 수초화를 강하게 자극한다는 것과 갑상선 기능이 저하된 아동의 경우 축삭의 미엘린 수초화가 제대로 일어나지 않는다는 사실은 이미 알려져 있었지만 이와 연관된 메커니즘은 설명할 수 없었다. 우리의 발견은 갑상선 호르몬이 수초화를 자극하는 메커니즘을 제시했고 이후에 마틴 연구실의 박사 후 연구원들이 확장된 연구를 통해 이 메커니즘이 생리학적으로 연관이 깊다는 것을 보여주었다.

내가 마틴과 함께 연구한 결과는 『셀*Cell*』, 『네이처』 및 기타 여러 저널에 제1저자로 일곱 편이 실렸고, 그 밖에도 여러 편의 리뷰 논문으로 발표되었다(오늘날에는 이들 저널에 논문을 실으려면 30년 전보다 통상 일곱 배는 더 많은 데이터를 포함해야 한다). 우리가 직접 개발한 방법으로 신경아교세포 발달에 관한 근본적인 질문에 답할 수 있었으므로 나에게는 즐거운 시간이었다. 마틴과 그의 연구팀은 신경아교세포에 관한 탄탄한 배경지식을 축적했고 나도 거기에 일조했다. 또한 이 분야에서 기초적인 펩타이드 영양인자가 막 밝혀지기 시작한 시점이었으므로 이것들을 실험에 사용할 수 있었던 것도 도움이 되었다.

나는 매일 새벽 3시 즈음에 퇴근했는데(단, 일요일 밤에는 보통 일찍 들어가서 11시에 드라마 〈닥터 후〉를 보았다), 집에 가기 전에 마틴의 책상 위에 실험 데이터를 올려놓곤 했다. 마틴이 출장으로 자리를 비운 때가 아니면 다음 날 아침에 실험을 시작하기 전에 마틴에게 가서 데이터에 관해 의논했다. 나는 마틴과 실험 결과를 논의하면서, 문제를 생각하는 방법, 실험을 설계하는 방법 등 아주 많은 것을 배웠다. 마틴 역시 데이비드처럼 철저함과 성실함의 표본이었고, 해결되지 않은 문제는 물론이고 창조적이고 가설이 이끄는 과학에 중점을 두었다. 그는 가설을 세우고 그 가설을 무너뜨리는 것이 앞으로 나아가는 최선의 방법이라고 믿었다. 하버드에서 열린 세미나에서는 사람들이 종종 부정적이고 파괴에 가까운 비판적인 질문을 던지는 경향이 있었지만, 마틴을 보면서 제안의 형태로 건설적인 질문을 던지는 것이 훨씬 좋은 방식이라는 것을 배웠다. 예를 들면, "당신이 이 실험을 하면 어떤 결과가 나올까요?"라는 식으로 말이다.

놀랍게도 마틴은 본업 외에도 책 쓰는 일도 했는데, 『세포분자생물학Molecular Biology of the Cell』이라는 책의 주요 공저자였다. 마틴은 회의에 참석하느라 자주 자리를 비웠고 회의에서 돌아오면 언제나 "리포트 백report back" 시간을 마련했다. 전날 밤 그는 세미나를 들으며 받아 적은 상세한 노트를 검토하고 정리하여 연구원들에게 각 세미나에서 제시한 중요한 문제와 지금까지 연구된 내용, 그리고 앞으로 나아갈 단계에 대해 설명하곤 했다. 이 리포트 백은 몇 시간씩 이어지는 게 다반사였지만 실제 학회에 참석하는 것보다 훨씬 배우는 게 많았다. 물론 리포트 백은 나중에 개정판에 실릴 새로운 지식을 얻고 정리한다는 측면에서 그에게도 큰 도움이 되었다. 내가 미국에서 열리는 신경과학회 연례학회에 다녀올 때면 마틴은 학회에서 배운 가장 중요한 것이 무엇인지 발표하게 했다. 덕분에 나는 큰 그림을 그리는 법을 배웠고 계속해서 질문 중심의 연구에 초점을 맞출 수 있었다.

이처럼 너그럽고 특별한 멘토를 다시 한번 만나게 되어 행운이었다. 데이비드 연구실에서처럼 내가 마틴으로부터 받은 훈련은 과학계에서 성공적인 경력을 쌓아가는 주춧돌이 되었다. 요새는 대학원생들에게 박사 후 과정을 뛰어넘고 훈련의 속도를 높이라고 제안하는 경향이 있다. 나는 이들이 큰 실수를 저지른다고 생각하지 않을 수 없다. 왜 과학자로서 자신의 시야를 넓힐 기회를 버리려는 것인가? 박사 후 과정이 중요한 한 가지는 이 과정을 거치면서 새로운 문제에 과감히 도전하고 유용한 실험을 빨리 시작하는 법을 배운다는 점이다. 내 경험상 박사 후 과정을 건너뛴 사람들은 대개 위험을 회피하는 경향이 있고 수십 년 뒤에도 대학원 때 하던 것과 같은 주제를 연구한다.

마틴의 연구실에 있던 3년 내내 마틴과 나는 한 가지 논쟁을 계속했다. 나는 그가 4일 중 3일은 출장으로 자리를 비운다고 했고 그는 4일 중 1일이라고 주장했다. 각자의 결론에 도달하기 위해 마틴의 탁상 달력이라는 같은 데이터를 사용했는데도 말이다. 마틴의 연구실에서 일하는 마지막 주 어느 날 밤에 나는 퇴근하는 마틴에게 내 마지막 논문 중 하나를 봐달라고 부탁했다. 논문의 실험 방법 어딘가에 나는 문장 하나를 숨겨두었다. "친애하는 래프, 비록 당신이 4일 중 3일은 자리에 없었지만, 당신 연구실에서 일할 수 있었던 건 정말 멋진 일이었어요". 다음날 출근해보니 언제나처럼 내 책상 위에는 잔뜩 고쳐진 원고가 기다리고 있었다. 나는 곧장 원고를 넘겼고 그가 숫자 3을 지우고 1이라고 쓴 걸 보았다.

런던에서의 마지막 날, 마틴은 저녁에 송별회를 열어주었다. 나는 내 인생에서 두 번째이자 마지막으로 취했다. 나는 마틴의 연구실에서 정말 좋은 시간을 보냈다. 데이비드와 마찬가지로 마틴은 내 아버지나 다름없었다. 그래서 마틴을 떠나는 건 마음 아픈 일이었다. 그러나 정말로 떠난 것은 아니었다. 데이비드와 마틴은 남은 인생 내내 좋은 친구이자 조언자로 남아주었기 때문이다.

스탠퍼드에서의 시작

—

직장을 잡으러 돌아왔을 때 나는 38세였다. 듀크 대학교, 워싱턴 대학교, 캘리포니아 대학교 샌프란시스코, 스탠퍼드 대학교에서 훌륭한 제안을 받았다. 학교마다 세 번씩 찾아갔지만 결정을 내리지 못해 괴로웠다. 나는 지금까지 동부에서만 살았기 때문에 한 번쯤 서부에서 살아보는 것도 좋겠다는 생각이 들었다. 그래서 가능성을 캘리포니아 대학교 샌프란시스코와 스탠퍼드 대학교로 좁혔다. 두 학교 모두 훌륭한 교수진, 학생, 시설을 갖추고 있었다.

그러나 스탠퍼드 신경생물학과에는 나를 끌어당기는 무언가가 있었다. 소규모로 구성된 교수진은 가족처럼 느껴졌고, 교육의 질과 학생 지도에 높은 가치를 두었다. 그리고 분명 연구가 왕성하게 이루어지는 과였다. 과를 구성하는 교수들은 중요한 질문을 던지고 성공적으로 깊이 있는 연구를 해나갔다. 앞으로 신경아교세포의 역할을 밝혀나가는 과정은 큰 도전이 될 것이고 나를 격려하고 응원하는 동료가 필요했으므로 이런 점은 충분히 매력적이었다.

결국 나는 스탠퍼드를 선택했다. 내가 들어갈 무렵 칼라 샤츠Carla Shatz 교수가 캘리포니아 대학교 버클리로 연구실을 옮겼기 때문에 과에서 유일한 여자 교수가 되었지만 큰 문제가 되지는 않았다. 스탠퍼드에 도착하고 얼마 후 나에게 이 자리가 주어진 이유 중 하나가 교수진의 다양성을 추구할 때가 되었다는 학장의 결정 때문이었다는 걸 알고 놀랐다. 재정이 감소하면서 그는 자격 있는 여성 후보가 나타날 때까지 모든 탐색을 중단했다. 학과장이 남성 지원자들에게 고환절제술—그러니까 거세—을 받기 전에는 지원해도 소용없다고 말했다는 걸 들어서 알게 됐다.

학과장은 조금 엉뚱한 면이 있는 사람이었다. 하지만 나는 그런 점이 나쁘지 않았다. 스탠퍼드에 온 첫날 그에게 인사했더니 찡그린 얼굴로 나를 보면서 "시계가 째깍째깍"

이라는 말만 던졌다(물론 정년 보장 심사까지의 시계를 말한 것이다). 그게 스탠퍼드식 환영 인사였다. 심술궂긴 했지만 나는 그가 나름 좋은 뜻으로 말한 것이라고 이해하기로 했다. 그리고 비록 처음에는 내가 여자라서 채용되었다는 사실이 불쾌했지만 돌이켜 생각해보면 학장이 옳은 일을 했다고 생각한다. 당시 의학대학원 교수들은 거의 남성이었고 여성을 고용할 뜻이 별로 없었다. 25년이 지난 지금 의학대학원 교수진은 더 다양해졌지만 여전히 갈 길이 멀다.

내가 기대했던 것처럼 스탠퍼드 신경생물학과는 초짜 교수가 처음으로 연구실을 꾸리기에 훌륭한 곳이었다. 동료들은 모두 멋진 사람들이었고 학교는 신임 교수에게 지원을 아끼지 않았으며 뛰어난 대학원생이나 연구원을 받기 쉬웠다. 그러나 조교수로 몇 년이 지나자 실험 공간이 아쉬워졌다. 전기생리학 실험과 세포 배양을 할 공간은 충분했지만, 분자생물학과 생화학 연구를 위한 실험대가 더 필요했다. 내 실험대는 아예 없었다. 당시 내가 있는 건물 층에 사용하지 않는 실험실이 많이 있었으므로 별문제가 되지 않을 거라고 생각했다. 학과장에게 실험대를 몇 개 써도 되겠냐고 물었는데 당황스럽게도 그는 안 된다고 했고 그렇게 대화는 끝났다.

능력 있는 젊은 여성 과학자로서 나는 다른 대학에서 드물지 않게 이직 제의를 받았고 그때마다 옮길 생각이 없다고 말했다. 하지만 공간이 부족해서 연구를 못 하는 상황이라면 문제가 달라진다. 다음번에 하버드 의학대학원 신경생물학과로부터 제안을 받았을 때 나는 진지하게 고려해보기로 했다.

그러다 조교수 4년차에, 하버드에서 정년이 보장된 부교수를 제안했다. 석좌교수 자리였고 실험실도 지금보다 세 배는 컸고 연봉도 훨씬 많았다. 우리 과에서는 설마 정년까지 보장해주는 제의가 들어올 거라고는 생각하지 못했던 것 같다. 당시 하버드에서 종신직을 받은 교수는 수년간 한 명도 없었고 의학대학원 전체에서도 종신직을 받은 여교수는 드물었기 때문이다.

물론 하버드가 나에게 이런 자리를 제안한 이유에는 교수진의 다양성을 높이려는 의도가 있다고 생각했다. 그러나 어쨌든 연구 환경이 나아질 수만 있다면 무슨 이유든 상관없었다. 나는 하버드에서 보내온 제의서를 복사해 학과장 책상 위에 올려놓고 이미 가기로 결정했으니 굳이 조건을 맞추느라 애쓰지 않아도 된다고 통보했다(이때 나는 과에서 고작 실험대 몇 개를 주지 않아 연구에 지장이 생긴 것에 상당히 화가 나 있었다). 놀랍게도 우리 과는 물론 다른 과에 있는 여러 동료들이 소식을 듣고 나를 돕기 위해 서둘러 모였다. 결국 스탠퍼드는 신속하게 하버드의 제안과 조건에 비슷한 정도로 맞추어주었고 나는 스탠퍼드에 남기로 했다. 자리가 있으면 옮기겠다고 하버드에 약속하긴 했지만 확정된 제의를 구체화하는 데 2년이 걸린다는 건 깨닫지 못했다. 그리고 그 무렵 몸에 예상치 못한 심각한 문제가 생겼다.

스탠퍼드에 자리를 잡은 지 불과 2~3년이 지나, 마흔 살의 나이에 나는 유방암에 걸렸다. 바보같이 그때까지 한 번도 유방암 자가검진을 한 적이 없었는데, 어느 날 우연히 오른쪽 가슴을 문지르다 딱딱하고 통증 없는 덩어리를 느꼈다. 유방절제술에 들어가기 전에 난 의사에게 왼쪽 유방도 함께 절제해달라고 부탁했다. 내 어머니도 비슷한 나이에 유방암에 걸렸기 때문에 가족력이 의심된다는 이유를 댔다(BRCA1/2 유전자 검사가 가능하기 몇 년 전이었다). 그리고 가슴이 있으면 안 될 것 같은 기분이 든다고도 말했다. 누군가에게 이 사실을 말하는 것은 태어나서 처음이었다.

처음에 의사는 건강한 세포 조직을 제거하는 것이라 꺼

렸지만, 종양 전문의가 유전적 위험이 있다고 인정했기 때문에 곧 수술에 동의했다. 몇 년 뒤, 유전자 검사를 했더니 정말 내 BRCA2 유전자에 돌연변이가 있었다. 뜻밖의 행운으로, 암 덩어리를 몇 년이나 갖고 있었음에도 림프샘이나 다른 조직에는 전이의 흔적이 보이지 않았다. 이후의 연구에 따르면 예방적 유방절제술이 유전적으로 암에 걸리기 쉬운 환자에게 유방암 발생 확률을 크게 낮춰준다고 한다. 그리고 나는 가슴을 가졌다는 무거운 짐을 더 이상 지지 않아도 된다는 것에 크게 마음이 놓였다. 의사, 간호사, 친구들이 모두 가슴 재건 수술을 받으라고 조언했지만, 가슴을 도로 붙일 생각은 추호도 없었다. 난 내가 트랜스젠더라는 사실을 아직 깨닫지 못했지만 내면의 남성 정체성과 어울리는 몸을 가지게 되었다는 것이 엄청난 안도감을 주었다.

조교수로서 넘어야 할 예상치 못한 장애물이 또 하나 있었다. 그동안 젊은 연구자에게 주는 상을 여러 차례 수상했지만, 아무리 애를 써도 국립보건원에서 주는 개인연구과제(R01) 연구비를 받을 수가 없었다. 1990년 중반에 이 연구과제 신청서는 행정 형식을 제외하고도 한 줄 간격으로 25페이지 분량이었고 준비하는 데만도 시간이 아주 많이 소모됐다. 내가 연구비를 따지 못하는 데는 여러 문제가 있었던 것 같다. 첫째는 연구비 예산을 계획하고 구성하는 일종의 규칙이 있는데 나는 그게 뭔지 전혀 알지 못했고 누구에게 물어볼 생각도 하지 못했다. 둘째는 내가 완전히 새로운 프로젝트를 시작하려 한다는 점이었다.

나는 신경아교세포의 전기생리적 특성 및 신경아교세포 발달이라는 주제에서 실질적인 신경아교세포 기능이라는 연구 주제로 옮겨가고 싶었다. 그러나 당시에는 신경아교세포의 기능에 대해 알려진 바가 없었고 연구비 신청서를 뒷받침할 예비 데이터가 부족했다. 나는 동료들로부터 조언을 얻고, 또 예비 데이터를 늘리면서 두 문제를 극복할 수 있었다. 그러나 훨씬 해결하기 힘든 문제가 있었다. 심사위원들은 신경아교세포가 지금까지 알려진 것처럼 뇌에서 단순한 지지 역할 이상의 기능을 수행한다는 사실을 믿지 않았다. 신경아교세포가 시냅스 형성과 기능의 유도에 미치는 엄청난 영향에 관해 최고 저널인 『사이언스Science』에 논문을 두 편이나 실었음에도 불구하고 심사위원들은 여전히 이것이 사실일 리가 없다고 주장했다.

연이은 연구비 신청도 계속해서 거부되었다. 이들은 그

냥 거부한 것뿐 아니라 내 연구에 침을 뱉고 발로 밟았다. 1990년도 초에 미국 국립신경질환뇌졸중연구소를 포함한 미국 국립보건원 산하 기관들은 점수가 상위 7퍼센트 안에 들어가는 연구과제에만 연구비를 지원했다. 그러나 내 점수는 보통 50퍼센트 이상이었다(이런 경우는 따로 분류되어 아예 들여다보지도 않는다). 비록 일곱 번의 시도 끝에 겨우 43퍼센트까지 올렸지만 말이다.

나는 스트레스를 받기 시작했다. 젊은 연구자 상과 정착 자금으로 받은 연구비가 바닥나기 시작했다. "시계가 째깍째깍"이라고 말한 동료 교수가 연구비를 받지 못하는 건 대단히 수치스러운 일이니까 낮은 점수를 받았다고 아무한테도 말하지 말라고 했다. 나는 동료들이 여자를 고용한 게 실수였다고 생각할까 봐 걱정됐다. 학계를 떠나는 것까지 진지하게 고려하기 시작했다. 어차피 임상 수련도 마쳤으니 어디를 가도 병원에서 쉽게 신경과 진료를 시작할 수 있고, 아니면 생물공학 벤처 기업이나 제약 회사에서 연구를 할 수도 있었다. 실제로 회사들이 심심치 않게 나에게 가능성을 타진해왔다. 그러나 나는 진심으로 신경아교세포에 대해 알고 싶었기 때문에 대학에서의 연구를 계속 고집했다. 정말로 다행히 얼마 지나지 않아 생각지도 않았던 두 번의 기적이 문제를 해결해주었고 과학을 하는 것이 다시 즐거운 일이 되었다.

첫 번째 기적은 국립보건원 산하 국립약물중독연구소NIDA의 젊은 사무관 조너선 폴락Jonathan Pollock에게서 받은 전화 한 통으로 시작되었다. 조너선과 국립약물중독연구소는 중독성 약물을 끊은 다음에도 지속되는 욕구에 대한 신경학적 메커니즘을 이해하려고 애쓰는 중이었다. 조너선은 별아교세포가 없는 상태에서는 신경세포가 시냅스를 형성하는 능력을 거의 상실한다는 것을 보여준 내 『사이언스』 논문을 읽고 중독성 약물이 신경세포가 아닌 별아교세포에 작용해 시냅스 유도 능력을 촉진할지도 모른다는 가설을 떠올리게 됐다고 했다. 약물이 추가 시냅스를 형성하여 신경 회로 기능에 오래 지속하는 효과를 남길 가능성이 있었다.

조너선은 이 논문에 국립보건원에서 연구비를 지원받았다는 말이 없는 걸 의아하게 생각했다. 이렇게 "아름다운" 연구가 국립보건원 지원금을 받지 못했다는 게 과연 있을 수 있는 일인가? 나는 그에게 열악한 연구비 사정을 설명했고 그는 바로 컴퓨터 데이터베이스를 열어 내가 최근에 국립신경질환뇌졸중연구소에 제출한 신청서에서 43점을 받았다는 걸 확인했다. 조너선은 국립약물중독연구소 위원회가 일주일 안에 열릴 예정이니 우리 연구가 약물 중독과 어떤 연관성이 있는지 한 단락 정도 요약해주면 장담할 수는 없어도 최선을 다해보겠다고 했다. 일주일 뒤 조너선은 전화를 걸어 연구 신청서를 국립약물중독연구소로 옮겼고 전액을 지원받게 되었다는 소식을 알려주었다.

이게 20년 전 일이다. 그 이후로 조너선은 내 연구실뿐 아니라 독립하여 이 연구를 계속해나간 내 제자들까지 신경 써주었다. 시냅스에서 신경아교세포의 적극적인 역할은 상당 부분 조너선의 지원 덕분에 진척되었다고 해도 좋을 것이다. 국립안연구소NEI 사무관인 마이클 오버도퍼Michael Oberdorfer도 망막신경절세포 축삭돌기 재생에 관한 연구의 연구비를 마련하는 데 조언과 도움을 주었다. 조너선과 마이클의 적극적인 지원이 없었다면 나는 분명 교수로 학교에 남아 연구하는 것을 포기했을 것이다. 연구실이 자리 잡고 예비 데이터를 많이 내게 되면서 국립보건원 연구비 지원을 받는 것이 수월해졌다. 그러나 첫 5년은 정말 힘들었다.

나는 최근 들어 국립보건원이 특별히 신출내기 연구자

들의 연구를 새롭게 지원하기 시작했다는 게 기쁘다. 요즘 같은 경쟁 시대에 이런 지원이 없다면 재능 있는 많은 젊은 과학자들을 잃게 될 것이다. 국립보건원은 훌륭한 연구 조직이다. 완벽하지 않을지는 모르지만, 이들이 하는 일의 어려움을 모르는 바는 아니다. 자격 있는 연구과제를 모두 지원할 만큼 재정이 충분하지 않으므로 사무관들은 기금을 정당하고 적절히 분배하는 매우 어려운 업무를 수행해야 한다. 이들은 대단한 일을 하고 있다.

연구실을 운영하면서 처음 몇 년 동안 연구비 신청이 거절될 때마다 나는 이를 극히 개인적인 일로 받아들였다. 그러나 이 분야에 오래 몸담고 있다 보니 이 과정을 좀 더 객관적으로 볼 수 있게 되었는데, 이 같은 어려움은 젊은 과학자가 오래된 현상을 새로운 시각으로 보고 새로운 발상을 시작할 때마다 늘 일어나는 일인 것 같다. 이것은 개인적인 문제가 아니라 새로운 아이디어가 맞닥뜨려야 하는 일시적인 저항일 뿐이다. 특히 연구자가 아직 젊고 독립하지 못한 경우에 말이다. 젊은 과학자들은 이 같은 사실을 인식하고 언젠가는 일이 잘 풀릴 것이라는 믿음으로 새로운 아이디어에 매진해야 한다.

내 연구실에 큰 보탬이 된 또 하나의 기대하지 않았던 일이 있었다. 연구실을 꾸린 지 5년쯤 되었을 때, 빈센트 코아테스Vincent Coates로부터 전화를 한 통 받았다. 빈센트는 나노 기술과 관련되어 여러 훌륭한 발명을 해낸 대단히 성공적인 엔지니어로 자신이 개발한 최초의 주사전자현미경을 기반으로 실리콘밸리에 나노매트릭스라는 잘나가는 회사를 세웠다. 빈센트와 아내 스텔라는 신경퇴행성 질환과 관련된 신경과학 연구에 기부하고 싶어 했다. 그는 우리 실험실에서 진행되는 연구에 대해 더 알고 싶어 했다. 실험실을 방문한 빈센트에게 나는 신경아교세포가 하는 일과 신경계 질환에 어떤 연관이 있다고 생각하는지 설명했다. 빈센트와 스텔라는 아주 후한 선물을 주었고 그 이후로도 계속해서 우리 연구를 지원하고 있다. 빈센트는 몇 해 전에 알츠하이머로 세상을 떠났는데, 나는 빈센트가 자신이 후원한 연구비로 우리가 신경퇴행성 질환을 치료하는 새로운 약물 표적을 실제로 찾아냈다는 사실을 알지 못하고 죽은 게 안타깝다.

빈센트의 후원과 더불어 지난 25년간 우리 연구실은 운이 좋았고, 감사하게도 피델리티 재단, 셀든 & 미리엄 아델슨 의학연구재단, JPB 재단, 크리스토퍼 & 다나 리브 재단,

큐어 알츠하이머 재단을 비롯한 후원 단체로부터 재정 지원을 받았다. 이들의 후원이 없었다면 우리 실험실에서 이루어진 연구들, 특히 가장 위험도가 높은 연구들은 아마 시도조차 할 수 없었을 것이다. 이들을 만나고 이들의 관대함을 가까이에서 지켜본 것은 큰 영광이자 특권이었다. 이들의 아낌없는 지원은 우리 실험실의 연구를 비롯해 여러 사람의 연구를 뒷받침했을 뿐 아니라 앞으로 이 연구를 계속해나갈 다음 세대의 젊은 과학자를 양성했다. 이 멋진 사람들 덕분에 인류애적 관심에 크게 자극받아 나는 전 재산을 스탠퍼드의 우리 과에 기부했다. 내가 남긴 유산이 우리 과 교수들이 첨단 연구를 계속해나가는 데 큰 도움이 되길 진심으로 바란다.

바버라에서
벤으로

나는 스탠퍼드에서 4년 만에 종신직 부교수로 승진했다. 하루는 아침에 지역 신문인 〈샌프란시스코 크로니클〉을 보다가 우연히 여성에서 남성으로 성전환을 한 트랜스젠더이자 트랜스젠더 권리 운동가인 제이미슨 그린Jamison Green에 관한 네 페이지짜리 기사를 읽고 놀라움을 금할 수 없었다. 그린은 당시 공개적으로 성전환을 한 몇 안 되는 사람이었다. 기사에서 그린은 성 정체성에 관한 자신의 경험을 이야기했는데, 마치 내 경험을 써놓은 것 같아 너무 놀랐다. 나는 이때 비로소 세상에 나처럼 성 정체성이 일치하지 않는 사람들이 있다는 걸 처음 알게 되었고 트랜스젠더라는 말도 처음 들었다.

이 기사에서는 스탠퍼드 성형외과 의사인 돈 롭Don Laub을 언급했는데, 그는 샌프란시스코에서 트랜스젠더들을 돕는 선구자였다. 다른 트랜스젠더들의 글을 찾아 읽으며 내가 바로 트랜스젠더일지도 모른다는 생각이 들었다. 나는 돈 롭을 찾아가 진단을 받아보기로 했다. 내 성별 혼란에 대해 누군가와 상의할 수 있게 된 것은 이번이 처음이었다. 나는 롭 박사뿐 아니라 수년간 그와 함께 일했던 경험 많은 심리학자도 함께 만났다. 롭은 내가 트랜스젠더라는 결론을 내렸고 내가 여성에서 남성으로 성전환하는 것을 돕겠다고 제안했다.

당시에 성전환증은 미국 정신의학협회가 제작한 정신질환 분류 책자인 『정신질환 진단 및 통계 편람』에 올라가 있었다. 성전환증을 병으로 보는 관점을 지지하는 사람들은 인간이 성별을 바꾸는 것을 돕는 행위는 옳지 못하고 해롭다고 주장했다. 내가 정신질환에 걸렸다고? 나는 그렇게 생각하지 않았다. 게다가 신경과 수련 시절 정신의학과에서 로테이션할 때의 경험으로 미루어보면 심각한 정신질환의 발생 빈도는 트랜스젠더보다 정신과 의사들 사이에서 더 높다는 인상을 받았다. 그래서 나는 이들이 나를 정신적으로 장애가 있다고 분류한다는 것을 납득할 수 없었다. 게다가 나는 태아 발달기에 테스토스테론 유사 약물에 노출되었고 내 남성화는 이와 연관되어 동물 및 인간을 조사한 결과와 일치했다.

나는 가능성을 제안받은 순간부터 여자에서 남자가 되고 싶다는 저항할 수 없는 열망을 느꼈다. 그러나 몇 주 동안 고심했다. 내 경력에 미칠 영향을 걱정하지 않을 수 없었기 때문이다. 나는 이미 스탠퍼드에서 정년이 보장되었으므로 잘릴 걱정은 없었지만—당시 다른 직군의 많은 트랜스젠더들이 수술 후 흔히 경험하는 결과(많은 주에서 트랜스젠더들은 해고되는 상황으로부터 법적인 보호를 받지 못하고 있다)—여전히 고려할 부분이 많았다.

내가 아는 사람 중에는 성공한 트랜스젠더 과학자가 없었다. 성전환한다면 연구비를 받지 못할지도 모른다는 걱정이 들었다(그건 이미 불가능했지만). 학생이나 연구원들이 내 밑으로 들어오려고 할까? 동료들이 나를 거부하면 어쩌지? 여전히 세미나에 초청될 수 있을까? 등등. 다른 직종의 사람들이 경험한 것을 보면 성전환이 내 경력을 끝장낼지도 모른다는 두려움이 강하게 들었다. 성별을 바꾸어야 할지 생을 마감해야 할지 고민하느라 일주일간 나는 스트레스로 거의 잠을 잘 수 없었다. 마침내 나는 내가 가장 믿고 의지하는 세 명의 친구에게 마음을 열기로 작정했다. 박사 과정 지도교수였던 데이비드 코리, 박사 후 과정 지도교수였던 마틴 래프, 그리고 루이스 레이차트Louis Reichardt, 이 세 사람에게 처음으로 내 성별 혼란에 대해 털어놓고 성별을 바꾸는 걸 고려하고 있다고 말했다. 후탈이 너무 커서 내 경력에 해가 될 거라고 생각할까? 정말 다행히도 세 명 모두 즉시 그리고 강하게 나를 지지해주었다. 이들의 응원에 힘입어 나는 성전환을 하기로 결심했다. 그리고 1997년 12월 말에 동료, 가족, 친구들에게 아래와 같은 편지를 보내 내가 겪었던 성별 불쾌감에 관해 설명하고 성전환을 하겠다는 사실을 알렸다.

존경하는 친구들에게

저는 지금 제가 한동안 힘겹게 싸워왔던 제 개인적인 문제에 대해 말씀드리려고 이 편지를 씁니다. 제가 마침내 앞으로 나아가기 위해서는 지금 이렇게 여러분께 말씀드리는 것이 중요합니다.

저는 네다섯 살 무렵부터 저 자신이 잘못된 성별을 가지고 태어났다는 강한 느낌을 받고 자랐습니다. 어려서는 거의 남자애들과 남자애들 장난감을 가지고 놀았습니다. 청소년기에는 치마는커녕 면도, 장신구, 화장도 하지 않았고 여성적이라면 아무리 작은 것이라도 극도로 불편해했습니다. 그러나 제 여동생에게는 이것들이 쉽고 자연스러운 일이라는 게 놀라웠습니다. 대신 전 남자아이 옷을 입고 보이스카우트에 들어가고 남학생 수업을 듣고 남자들과 운동하고 자동차 정비를 하고 싶었습니다. 어렸을 때부터 저는 남자와 여자 모두에게 비웃음과 따돌림을 받았습니다. 열일곱 살이 돼서야 비로소 제가 뮐러관 무발생 증후군으로 자궁과 질이 없이 태어났다는 걸 알았습니다. 그리고 태어나기 전에 어머니 뱃속에서 남성화 호르몬에 노출되었다는 것도 알게 되었습니다. 선천적 결함을 성형 수술로 교정했지만 저는 평생 나는 여자가 아니라는 강한 감정을 계속 갖고 있었습니다. 가장 힘들었던 것은 내가 잘못된 생식기를 갖고 있다는 느낌이었고 그것에 대해 폭력적인 생각까지 했습니다. 여성으로서의 정체성은 최근에 유방암 때문에 양쪽 가슴을 절제하면서 더 실감나게 되었습니다. 이 수술은 내 어머니에게 그랬던 것과는 달리 여성으로서의 정체성에 대한 폭행이 아닌, 그 자리에 있으면 안 될 것 같았던 가슴에 대한 합당한 교정으로 느껴졌습니다. 그래서 유방 재건 수술에 대해 거부감을 느꼈습니다. 수술 이후에 저를 알지 못하는 사람이 종종 저를 남자로 오인해 "써sir"라고 부르지만, 전혀 기분 나쁘지 않았습니다. 전 남자가 되고 싶은 게 아니라 이미 남자라고 느끼기 때문입니다.

이러한 성별 혼란이 가져온 정신적 괴로움은 이루 다 말할 수 없습니다. 비록 임상 우울증 진단을 받은 적은 없지만, 이 혼란스러움은 나 자신이 쓸모없는 것 같은 기분, 강한 고립감과 소외감, 절망, 자기 파괴 감정의 원천이 되었습니다. 저는 이것에 대해 한 번도 누구에게 이야기한 적이 없었습니다. 너무 수치스럽고 부끄러웠기 때문입니다. 모든 게 내 잘못인 것만 같고 어떤 식으로든 저 자신을 여자로 만들어야 할 것 같았습니다. 이것이 두 달 전까지의 일입니다. 두 달 전 저는 신문을 보고 스탠퍼드에 성 클리닉이 있다는 것을 알게 되었습니다. 이곳에서 제가 느끼는 감정이 성별 불쾌감gender dysphoria이라는 걸 알았습니다. 놀랍게도 성별 불쾌감은 저 혼자만 느끼는 감정이 아니었고, 저의 이야기는 성별 불쾌감을 느끼는 사람들의 전형적인 상태임을 알게 되었습니다.

그렇다면 성별 불쾌감이란 무엇일까요? 과거에는 성별 불쾌감을 성 정체성 장애라고 했고, 이런 감정을 느끼는 사람들을 트랜스젠더라고 부릅니다. 성별 불쾌감을 느끼는 사람들은 어려서부터 자신의 해부학적 성별과 뇌가 느끼는 성별(성 정체성) 사이에 심각한 불일치를 느낍니다. 원인은 알려지지 않았지만 일부 사례에서 태아 발달 중 호르몬 노출 이력과 명확한 상관관계를 나타낸 것으로 미루어보아 생물학적인 것으로 판단됩니다. 이와 같은 불쾌감은 심리 치료로는 해결할 수 없지만, 성별 역할을 바꿈으로써 상당히 줄일 수 있습니다. 테스토스테론 치료는 6~12개월 안에 정상적인 남성의 이차 성징을 유도합니다. 대부분 환자들이 유방절제술을 함께 선택하지만 제 경우는 이미 유방암 치료를 위해 수술을 받았고, 자궁절제술은 태어날 때 이미 자연이 알아서 처리해주었습니다. 제 경우에는 테스토스테론 치료가 유방암 재발 소지를 상당히 낮춰준다는 추가적 이점이 있습니다. 테스토스테론은 에스트로겐 수치를 낮춰주고 난소 절제에 수반되는 골다공증이나 폐경 증상까지 막아줄 것입니다.

많은 고심 끝에 저는 테스토스테론을 맞기로 결심했습니다. 그러면 저는 마침내 여성에서 남성으로 성전환될 것입니다. 저에게는 매우 어려운 결정이었습니다. 소중한 모든 것을 잃을지도 모르니까요. 명예, 일, 친구, 그리고 가족까지 말입니다. 테스토스테론은 절대 완벽한 해결책이 아닙니다. 저는 여전히 '평범'하지 않을 것이고 분명 사회적 격리도 계속될 것입니다. 그러나 테스토스테론 치료는 제 인생에서 처음으로 저 자신에 대해 편안함을 느끼고 나를 가장하지 않아도 되는 기회를 줄 거라 믿습니다. 제가 옳은 결정을 하고 있다는 걸 압니다. 성별을 바꾼다는 생각을 할 때마다 벌써부터 마음 깊이 안도감이 들기 때문입니다. 저는 2월부터 테스토스테론을 맞을 계획입니다. 외견상의 변화는 몇 달 동안 크게 두드러지지 않을 것입니다. 여름부터 남성의 복장을 하고 이름을 벤이라고 바꾸겠습니다. 그때까지 저는 정상적으로 업무를 계속하고 모든 면에서 평소와 다름없이 행동할 것입니다(1인용 화장실을 사용한다는 점만 제외하고). 여러분이 제

성별이 바뀌었다는 사실에 익숙해지려면 한동안 시간이 걸리겠지만 현실적으로 저는 그다지 크게 변하지 않을 것입니다. 언제나처럼 청바지에 티셔츠를 입고 다니고, 늘 그랬던 것처럼 많은 부분에서 똑같은 사람일 것입니다. 단지 훨씬 더 행복해지겠지요.

성전환을 한 많은 사람들이 익명성을 유지하기 위해 '성별을 바꾼' 이후에 직장을 옮깁니다. 그러나 저에게 익명성은 선택 사항이 아닙니다. 그리고 제가 원하는 바도 아니에요. 저는 제가 누구인지 감추는 것에 지쳤습니다. 무엇보다 제가 그랬던 것처럼 자신의 상태를 깨닫지 못한 채 견디고 있는 다른 이들을 위해서도 사람들의 눈에 드러날 필요가 있습니다. 저는 7년이나 의학대학원에 있으면서 자신의 문제가 무엇인지 알아내겠다고 다짐했음에도 두 달 전까지 성별 불쾌감이라는 말을 들어본 적도 없었습니다(하지만 신기하게도 마침 적절한 신체 기관을 연구 대상으로 선택했네요). 자신을 뉴스의 소재로 허락한 그 트랜스젠더가 아니었다면 아마 전 여전히 모르고 있을 겁니다. 물론 세상에는 여자가 된 남자들이 있다는 건 알고 있었지만, 그들을 변태성욕자라고 생각했었습니다. 저는 변태가 아닙니다. 저는 쾌락을 추구하지 않습니다. 오로지 고통에서 벗어나고 싶을 뿐입니다. 성전환증을 갖고 있는 대부분의 사람들은 수치와 공포, 특히 자신의 상태에 대한 무지와 지속적인 탄압 때문에 감추고 숨기려고 합니다. 이들의 자살률은 일부 전문가가 성별 불쾌감을 죽음의 질병이라고 부를 정도로 높습니다. 그래서 저는 더 숨을 수가 없습니다.

저는 진심으로 저 자신이 좋은 과학자이자 좋은 선생이라고 느낍니다. 비록 성별은 달라지더라도 여러분 모두가 아시다시피 제가 가장 사랑하는 일을 계속할 수 있게 허락해주십시오. 궁금한 것이 있으면 무엇이든 물어보십시오.

진심을 담아,

바버라 A. 바레스

나는 데이비드, 마틴, 루이스의 응원에도 불구하고 이 편지를 보내기가 매우 두려웠다. 그러나 내 가족은 모두 곧바로 나를 지지해주었고, 그건 내 동료들도 모두 마찬가지였다. 나는 많은 이들로부터 신속한 회신을 받았다. 아래는 척 스티븐스Chuck Stevens로부터 제일 먼저 받은 답신이다. 스티븐스는 소크연구소Salk Institute for Biological Studies에 있는 동료 연구자로 연구는 물론이고 젊은 과학자들에 대한 배려심 깊은 조언자로서의 모습 때문에 내가 오랫동안 존경해온 사람이다.

친애하는 바버라에게,

개인적인 상황을 알려줘서 고맙습니다. 제가 좋아하는 건 그 사람의 내면이지 성별이 아닙니다. 당신의 다른 친구들도 모두 같은 마음일 겁니다. "벤"으로 불러야 할 때 알려주세요.

행운을 빌며, 척

내가 받은 다른 답신들도 모두 이처럼 나에게 힘이 되어주는 것들이었다. 40년간 차마 꺼내지 못한 수치스러운 비밀이 세상 밖으로 나왔고, 나는 단지 테스토스테론을 복용하는 것으로 몇 달 만에 벤이 되었다(유방절제술은 이미 했지만, BRCA2 유전자 돌연변이 때문에 여전히 암 발병 위험이 있었으므로 곧 난소도 절제했다. 테스토스테론이 폐경기 증상을 예방했다). 내 일은 전과 다름없이 순탄하게 흘러갔다. 나는 지난 20년간 트랜스젠더가 되었다는 이유로 불이익을 당한 적은 없었고 오히려 성전환의 결과로 모든 고통이 순식간에 사라졌다. 다시는 자살을 떠올리지 않았고 벤으로서의 나 자신에 대해 훨씬 만족했고 더는 여자인 척하지 않아도 됐다. 얼마나 마음이 편안하고 또 행복했는지 설명하기 어렵다. 어깨에 짊어지고 있던 거대한 짐이 한순간에 들어올려진 것 같았다.

부총장, 학장, 그리고 동료 교수를 비롯한 스탠퍼드 역시 전체적으로 나를 지지해주었다. 솔직히 말해서 우리 과 일부 교수는 내가 성전환을 한 사실에 대해 수치스럽게 느낄지도 몰라 두려웠다. 당시에는 인터넷이 발명된 지 얼마 안 되는 터라 성전환증에 대한 무지가 만연했다. 그러나 속으로는 거리꼈을지 몰라도 이들은 전혀 티를 내지 않았고 모두 전폭적으로 지지해주었다. 심술궂은 "째깍째깍" 교수까지 말이다.

나는 마침내 잘 적응하여 충분한 성취를 이루었다고 생각하고 싶다. 2013년에 나는 미국 국립과학아카데미NAS 회원으로 선출되었다. 나는 아카데미 회원이 된 최초의 트랜스젠더 과학자가 된 것이 자랑스럽다. 그러나 "종교적인 사람들을 상대해야 한다"라는 이유로 아카데미 회장이 이것을 보도자료에서 언급하지 않은 것은 좀 언짢았다. 이는 성 소수자들의 성취에도 불구하고 정당하게 평가하는 것을 거부한 것이므로 나는 이를 깊이 우려했다. 특히 성 소수자 학생들이 롤 모델로 삼을 만한 성공적인 사례가 필요하다는 점에서 말이다. 다행히 다른 뉴스에서는 곧 이 부분을 언급했다.

테스토스테론 복용이 나에게 어떤 영향을 주었는가 하면, 이 호르몬은 정말 강력한 물질이었다! 한동안 성적 욕구가 증가하고 (거의 사춘기를 다시 겪는 느낌으로) 남성형 탈모가 진행되는 등의 일부 예상된 부작용이 나타났다. 턱수염과 콧수염을 기르게 되어 좋았지만 테스토스테론을 맞기 시작하면서 거의 동시에 탈모가 시작된 건 덜 감동적이었다(사진을 보면 금방 그 효과를 확인할 수 있다). 몸속의 셀룰라이트가 빠르게 없어지고, 엉덩이에 있던 지방이 배로 몰려갔다(다른 부위에도 많이 남아 있긴 했다). 따로 운동하지 않아도 힘이 세졌다. 바바라일 때는 팔굽혀펴기를 한 번도 할 수 없었는데, 테스토스테론을 복용한 지 6개월이 지나자 삼두근육이 생기면서 놀랍게도 10번이나 가능했다(정말 전혀 운동하지 않았는데도 얼마 안 돼서 30번이나 할 수 있게 됐다).

수학이나 공간, 언어 능력에 있어서는 특별한 변화를 느끼지 못했다. 비록 테스토스테론 전과 후에 테스트했을 때 언어 능력이 조금 나빠졌고 공간 능력은 조금 향상된 것 같았지만 말이다. 나는 여전히 운전할 때마다 길을 잃어버린다. 그리고 아마 가장 놀라우면서도 예상치 못했던 변화는 우는 능력이 사라졌다는 점일 것이다. 테스토스테론을 복용하기 전에 나는 잘 우는 편이었고, 보통 성별 때문에 괴로워하다 울면서 잠이 들곤 했다. 그러나 테스토스테론 이후로 나는 거의 아예 울 수 없다는 걸 알았다. 아주 슬픈 자극에 대한 반응으로 잠시 눈물을 떨구기는 해도 그 감정은 순식간에 사라졌다. 남성으로 전환한 다른 사람들도 같은 경험을 했다고 말했다. 반면 여성으로 전환한 사람들은 훨씬 잘 울게 되었다고 한다.

1997년에 내가 성전환했을 때는 불과 2만 명 중 한 명이 트랜스젠더라고 알려졌으나, 2017년인 지금은 적어도 200명 중 한 명이 트랜스젠더라고 생각된다. 성 소수자들은 종종 성취도가 높다. 내 세대에 많은 성 소수자들은 수치스러운 비밀과 그 결과로 자존감이 낮은 어린 시절을 보냈다는 공통점이 있다. 아마도 이런 이유로 성공하여 자신의 가치를 증명하기 위해 더 열심히 일했는지도 모른다. 트랜스젠더들을 위한 환경은 빠르게 변하고 있다. 인터넷을 통해 관련 정보를 쉽게 검색하고 평가하게 되었고 대중 교육도 빠르게 이루어지고 있다. TV에는 심심치 않게 트랜스젠더 캐릭터가 등장하고, 군대에서도 공개적으로 복무할 수 있다. 트랜스젠더라는 이유로 해고를 당한다든지, 화장실 보장 문제 등 여전히 헤쳐나가야 할 문제들은 많지만, 대중은 대부분의 성 소수자들에게 공감하고 지지를 보낸다. 그래서 나는 곧 이 문제들이 해결되리라 믿는다.

가장 주목할 점은 트랜스젠더 아동을 돕기 위한 병원이 생겨나고 있다는 사실이다. 대중 교육의 결과로 트랜스젠더 아동들은 초등학생 때 이미 스스로 또는 부모에 의해 성향이 인지된다. 사춘기까지도 트랜스젠더로서의 정체성이 지속하면 소위 사춘기 억제제를 통해 자신의 성 정체성과 맞지 않는 영구적인 신체 변화를 겪지 않도록 치료할 수 있다. 그리고 16세가 되면 자신의 의사에 따라 성전환 여부를 결정할 수 있다. 일찌감치 성전환을 할 수 있다면 아이들이 잘못된 몸에서 잘못된 성별로 성장하면서 겪어야 하는 괴로움을 겪지 않아도 되고, 좀 더 정상적인 사회 관계와 남녀 관계를 이끌어갈 수 있을 것이며, 가족에게조차 수치스러운 비밀을 감추지 않아도 될 것이다. 그들이 정말 부럽다.

나는 트랜스젠더 과학자임을 공개적으로 밝히고 젊은 성 소수자 과학자들의 롤 모델이 될 수 있어 행복하다. 나는 이들이 조금이나마 수월하게 자기 길을 가는 데 도움이 되고 싶다. 스탠퍼드의 성 소수자 학생과 연구원, 그리고 기타 여러 연구 조직에 있는 이들이 나에게 연락하여 다양한 훈련 프로그램에 지원할 때 트랜스젠더임을 공개할지의 여부를 의논한다. 나는 언제나 자신이 누구인지 말하라고 조언한다. 왜냐하면 현재로서는 그렇게 했을 때의 이점이 위험보다 큰 것 같기 때문이다. 학계에 몸담은 이들의 다수는 매우 협조적이다. 옷장 안에 갇혀 사는 것은 어려운 일이다. 편견을 가진 소수 때문에 그렇게 살아간다는 건 말도 안 된다. 나는 아직까지 공개한 것을 후회한다고 말하는 사람을 만나지 못했다.

2장

과학

중추신경계 신경세포의 정제와 배양법 개발

—

마침내 스탠퍼드에서 내 이름을 걸고 연구실을 시작하면서 어떤 주제를 연구할까 고민하다가 중추신경계 신경세포가 배양 상태에서 죽지 않고 살아 있도록 유지하는 방법을 찾는 게 급선무라고 생각했다. 성공한다면 신경세포와 신경아교세포 간의 상호작용을 연구하고 신경아교세포의 기능을 이해하는 데 중요한 도구가 될 거라고 믿었다. 망막신경절세포는 중추신경계 신경세포의 하나로 내가 이미 면역패닝 기술로 실험용 쥐의 망막에서 채취한 세포 부유액으로부터 99.5퍼센트 이상의 순도로 정제하는 방법을 개발했으므로 이 프로젝트를 시작하기에 적합한 대상이었다. 말초신경계 신경세포의 경우는 정제한 다음에 특정한 펩타이드 영양인자를 첨가해 배양하면 쉽게 생존을 촉진할 수 있었다(예를 들면 교감신경세포에 신경성장인자NGF, 결절신경절 신경세포에 뇌유래신경영양인자BDNF, 섬모신경세포에 섬모신경영양인자CNTF 등). 하지만 이상하게 중추신경계 신경세포인 망막신경절세포는 다양한 영양인자를 조합해서 첨가해도 생존율을 높일 수 없었다.

우리 연구실에 처음 합류한 박사 후 연구원 앤키 마이어-프랭크Anke Meyer-Franke가 이 문제와 씨름해보기로 했다. 마침 당시에 다양한 신경영양인자들이 밝혀지기 시작한 터라 앤키는 정제된 실험용 쥐의 망막신경절세포를 무혈청배지에서 키우면서 다양한 펩타이드 영양인자를 개별 또는 조합해서 시험했다. 그러나 정제된 세포는 어김없이 하루 만에 세포사멸이 일어나며 빠르게 죽어나갔다. 일부 말초신경계 신경세포 중에 세포 내 cAMP 증가 또는 칼륨 이온(K^{+})으로 유도된 탈분극에 의해 생존이 촉진되는 경우가 보고된 적이 있었다. 앤키는 이 방법도 시도했으나 망막신경절세포에는 먹히지 않았다.

그러나 앞서 말한 펩타이드 영양인자들을 섞고 여기에

cAMP 증가 또는 K^+에 의한 탈분극을 함께 조합했더니, 마침내 약 65퍼센트의 망막신경절세포가 몇 주 동안 살아남아 아름다운 가지돌기와 축삭돌기를 뻗어냈다.[1] 또한 별아교세포와 같이 키우거나 또는 별아교세포 배양액으로부터 얻은 무혈청배지를 넣어주면 망막신경절세포의 생존 효과가 똑같이 재현되었다. 희소돌기아교세포 배양액으로부터 얻은 배지의 경우는 단독으로 망막신경절세포의 생존을 촉진하지는 못했지만, BDNF, CNTF, IGF1, 포스콜린 혼합액과 함께 조합하면 생존율이 80퍼센트까지 올라갔다. 우리는 아직 희소돌기아교세포에서 보내는 영양 신호의 정체를 알지 못하지만, 희소돌기아교세포가 없는 돌연변이 쥐의 경우 생후 첫 주에 일어나는 정상적인 세포 사망 기간이 한참 지난 후인 성체의 망막에서도 관찰된 것으로 보아 이 신호가 실제 생체 내 과정에도 망막신경절세포의 생존에 관여한다고 추측된다.

앤키는 말초신경계 신경세포의 일종인 결절신경절nodose ganglion 신경세포로 실험했을 때에는 BDNF만으로도 완벽하게 세포의 생존을 촉진할 수 있는 데 반해, 왜 망막신경절세포는 이 영양인자에 직접 반응하지 않는지 궁금해했다. 우리는 캘리포니아 대학교 샌프란시스코의 루이스 레이차트와 함께 세포에서 BDNF 수용체인 TrkB의 위치를 조사했다. 비록 망막신경절세포가 TrkB mRNA와 단백질을 만들긴 하지만 일반적으로 수용체가 자리 잡는 세포 표면이 아닌 내부에 저장되는 것으로 관찰되었다. 그러나 망막신경절세포를 포스콜린과 함께 배양해 cAMP 수치를 증가시키거나 K^+ 이온 수치가 증가된 상태에서 배양했더니 TrkB가 세포 표면에서 BDNF에 대한 반응성을 유도했다. 앤키는 이 결과를 세포 표면에 바이오틴이 부착된 TrkB가 위치하게 된다는 사실로 확인했다.[2]

이어서 다른 여러 유형의 중추신경계 신경세포가 망막신경절세포와 비슷하게 반응한다는 것이 밝혀졌다.[3] 이는 중추신경계와 말초신경계 신경세포가 펩타이드 영양인자에 반응하는 방식에 근본적인 차이가 있다는 점에서 놀랍고 흥미로웠다. 즉, 말초신경계 신경세포는 '반응성'이 내재해 있지만, 중추신경계 신경세포가 반응하기 위해서는 세포 외부에서 신호를 받아야 한다는 점이다. 이는 중추신경계 신경세포의 가소성을 이해하는 데에도 중요하다. 실제로 제프리 골드버그Jeffrey Goldberg는 우리 연구실에 들어온 이후 망막신경절세포의 축삭돌기 재생을 조절하는 메커니즘을 연구하면서 망막신경절세포를 실리콘 칩 위에서 키우고 생리적인 수준의 전기 자극을 주었을 때 BDNF에 반응하는 축삭돌기 생장률이 거의 10배나 향상된다는 놀라운 사실을 관찰했다.[4] 제프리는 이후에 자신이 이끄는 연구진과 함께 이 효과가 세포 내 cAMP 증가에 의해 조절된다는 것을 보였고 현재는 관련 메커니즘을 연구 중이다.

최근에 앤디 후버먼Andy Huberman은 자신의 실험실에서 이 연구를 확장해 중요성을 부각시켰다. 후버먼은 망막신경절세포가 생체 내에서 시각 자극이나 화학유전적으로 조작된 전기 자극을 받았을 때 축삭돌기를 훨씬 왕성하게 생성하여 멀리 떨어진 표적까지 뻗어간다는 것을 보였다.[5] 그러나 아직은 구체적으로 어떤 생리 신호가 생체 내에서 망막신경절세포 또는 다른 중추신경계 신경세포의 생존을 촉진하는지 알아내지 못했다. BDNF, CNTF, LIF, IGF1을 만들지 못하는 돌연변이 쥐에서도 망막신경절세포의 세포 수가 주목할 정도로 달라지지 않았다. 언젠가 좀 더 가능성 있는 영양 신호 물질을 찾아내게 될 것이다.

마틴 가츠 핸슨Martin Gartz Hanson은 우리 연구실에서 '포닥

(post doc. 박사 후 과정)'이 아닌 '포박(post bac. 학사 과정 이후 의치대 입학을 위한 학점 이수 과정—옮긴이)'으로 일하면서 실험용 쥐에서 새로운 종류의 중추신경계 신경세포인 배아성 척수운동신경세포의 분리 및 배양을 시도했다. 핸슨은 크리스 헨더슨Chris Henderson이 과거에 사용한 기법을 수정하여 여러 펩타이드 영양인자가 개별적으로 사용되었을 때는 척수운동신경세포의 생존을 부분적으로만 촉진하지만 CPT-cAMP와 같은 cAMP 상승제와 함께 배양하면 세포 대부분이 장기적으로 생존한다는 것을 보였다.[6] 이는 수년 전에 진 존슨Gene Johnson과 다른 연구자들이 정제된 말초신경계 신경세포로 확인한 바와 같다. 이후에 우리 연구실의 브래드 주케로Brad Zuchero는 면역패닝 기법을 개조해 뒤뿌리신경절DRG 신경세포를 정제하고 신경세포의 미엘린 수초화 과정을 연구했다. 우리 연구실에서 개발한 다양한 신경세포 정제 및 배양법은 상세한 단계별 지침과 함께 모두 콜드스프링하버 연구소의 '실험실 매뉴얼'[7]에 실렸다.

리타 레비-몬탈치니Rita Levi-Montalcini의 선구적인 연구를 비롯해 많은 연구 결과 단일 펩타이드 영양인자가 말초신경계 신경세포의 생존을 촉진하는 필요충분조건임이 밝혀졌기 때문에, 나는 많은 신경과학자들이 중추신경계의 신경세포 생존을 촉진하는 생존 신호 메커니즘 문제 역시 대체로 해결되었다고 믿는다고 생각한다. 우리는 뇌의 혈관세포에서 비록 생존을 촉진할 정도로 충분하지는 않지만 중추신경계 신경세포의 축삭돌기 생장을 강력하게 유도하는 영양 활성 물질을 분비한다는 사실을 알아냈다.[8]

40년 전에 게리 뱅커Gary Banker 연구팀은 별아교세포가 뇌에서 해마 신경세포의 생존과 생장을 강하게 촉진하는 신호를 분비한다는 중요한 발견을 했고, 다른 연구진들은 여러 종류의 중추신경계 신경세포들이 별아교세포가 분비하는 물질에 의해 지지된다는 것을 보여왔다. 신경세포는 만들어지지만 별아교세포는 만들어지지 못하는 돌연변이 쥐에서 중추신경계 신경세포가 빠르게 죽는 것으로 보아 신경세포의 생존을 촉진하는 별아교세포의 능력이 생체 내에서—단지 시험관에서뿐만 아니라—중요한 역할을 한다고 볼 수 있다. 신경세포에 작용하는 별아교세포 영양인자를 찾아내는 일은 신경과학 발전에 대단히 중요하고도 아직 해결되지 않은 과제이다. 우리는 망막신경절세포를 신경아교세포로부터 분리하여 따로 무혈청배지에서 배양함으로써 이들과 신경아교세포와의 상호작용을 연구할 수 있었지만(뒤에 더 자세히 설명하겠다), 해마 신경세포나 그밖에 다른 종류의 중추신경계 신경세포에 대해서는 비슷한 실험을 할 수 없다는 점을 안타깝게 여기고 있었다.

따라서 우리는 별아교세포가 분비하는 신경세포 생존 신호 분자의 정체를 생화학적으로 밝혀보기로 했다. 이 신호는 수용성이므로 비교적 간단하게 찾아낼 수 있을 거라고 생각했다. 매들린 로저스Madolyn Rogers가 대학원생일 때 연구실에서 이 일을 시작했는데, 생각보다 만만치 않은 과정이었다. 그 이유는 해마 신경세포가 생존하기 위해서는 적어도 두 종류의 활성이 함께 존재해야 했기 때문이다. 그중 하나는 100kD이 넘는 큰 분자였고, 다른 분자는 불과 50kD으로 훨씬 작았다. 마돌린이 연구실을 떠난 다음에는 제니퍼 자매니언Jennifer Zamanian이 프로젝트를 이어받았다. 놀랍게도 제니퍼는 별아교세포가 분비하는 영양 물질이 전적으로 황산 콘드로이틴chondroitin sulfate 또는 헤파란 황산 글리코사미노글리칸 사슬heparan sulfate glycosaminoglycan chain의 당사슬로 이루어졌음을 보였다.[9]

이 사슬은 별아교세포에 의해 생성되고 분비되는 매우

다양한 프로테오글리칸에 붙어 있다. 불행히도 우아혈청이나 말혈청을 첨가해도 그 자체로는 해마 신경세포를 살아 있게 유지시킬 수 없었다. 여기에 우리가 아직 생화학적으로 찾아내지 못한 작은 분자가 결합되어야 한다. 그 분자를 밝혀내기만 한다면, 마침내 중추신경계 신경세포를 배양할 수 있는 완벽한 무혈청배지를 만들 수 있을 것이며, 이를 이용해 여러 흥미로운 연구를 진행하고 신경세포-신경아교세포 사이에서 이루어지는 신호 메커니즘의 속성과 기능적 중요성을 훨씬 잘 이해하게 될 것이다. 펩타이드나 단백질이 아니라 다당류인 글리코사미노글리칸이 중추신경계 신경세포의 생존을 촉진한다는 사실은 놀랍다. 이는 콘드로이틴 황산 프로테오글리칸/헤파란 황산 프로테오글리칸 수용체와 연관되어 미래 연구에 중요하고도 새로운 질문을 제기한다.

예 장Ye Zhang은 우리 연구실에서 개발한 신경세포, 별아교세포, 희소돌기아교세포 정제 및 배양법을 활용한 대사체 접근법을 통해 이 세포들이 분비하는 (단백질이 아닌) 작은 분자가 무엇인지 찾으려고 했다. 예 장의 연구는 예비실험으로 아직 대부분이 식별되거나 기능적 특징이 밝혀지지 않았지만 각 세포가 다양한 범위의 분자들을 분비한다는 것을 보여주기에 충분했다. 신경세포와 신경아교세포 사이에는, 아직 우리에게 단서도 없고 건강과 질병에서의 기능적 중요도를 알지 못하는 여러 흥미로운 신호 처리가 이루어지고 있을 가능성이 크다.

왜 손상된 중추신경계 신경세포는 축삭돌기를 재생하지 못하는가?

우리는 망막신경절세포, 시신경 별아교세포, 희소돌기아교세포를 정제하고 배양하는 방법을 개발하는 과정에서 새롭게 가지를 친 여러 질문을 던지게 되었다. 그중 대단히 흥미로운 질문 중 하나는 왜 말초신경계 신경세포는 축삭돌기가 절단되어도 살아남아 축삭을 재생하는 반면, 중추신경계 신경세포는 축삭을 재생하지 못하고 죽는가 하는 점이다. 1993년에 내가 처음 연구실을 꾸릴 무렵에는 망막신경절세포가 글루타메이트 신경흥분독성 때문에 죽는다는 주장이 있었다. 여러 연구팀이 망막에 글루타메이트나 다양한 글루타메이트 수용체 작용제를 주입했을 때 망막신경절세포가 빨리 죽는다고 보고했다. 그러나 우리 연구실에서 수행한 세포 배양 실험 결과 이와 반대로 글루타메이트가 망막신경절세포의 탈분극을 돕고 실제로 생존을 촉진했다.

연구실의 에릭 율리안Erik Ullian은 망막에 글루타메이트 작용제를 주입했을 때 발생하는 현상에 대해 조사했다. 과거에 보고된 바와 달리 에릭은 망막신경절세포가 글루타메이트에 전혀 취약하지 않다는 걸 알아냈다. 망막신경절세포층에 있는 많은 세포들이 빠르게 죽어나간 것은 사실이지만, 그건 모두 축삭돌기가 없는 전위무축삭세포displaced amacrine cell였다.[10] 놀랍게도 무축삭세포와 망막신경절세포에 동일한 진폭의 글루타메이트 전류를 흘렸을 때 무축삭세포가 신경흥분독성에 더 취약했다. 어떤 메커니즘 때문에 한 신경세포가 다른 신경세포보다 신경흥분독성에 더 취약해지는지는 아직 답을 찾지 못한 중요한 질문 중 하나다.

축삭돌기가 절단된 후에도 말초신경계 신경세포는 생존하지만 망막신경절세포는 죽는 이유에 관한 또 다른 가설로, 축삭이 절단될 때 표적에서 분비한 영양인자의 영양신호가 차단된다는 주장이 있다. 우리 연구실의 쉘리앙 셴Shiliang Shen은 이 가능성을 조사했다. 다른 연구팀은 단순히

BDNF 또는 CNTF와 같은 영양 펩타이드를 주입하는 것으로는 축삭이 절단된 대부분의 망막신경절세포의 생존을 촉진하지 못함을 보여왔다. 그러나 쉴리앙은 세포 배양에서 그랬던 것처럼 펩타이드 영양인자 한 종류로는 충분하지 않고, 대신 우리가 망막신경절세포의 생존을 유지하기 위해 했던 것처럼 BDNF, CNTF, IGF1과 같은 여러 영양인자를 섞고 이것을 망막신경절세포에서 영양 수용체를 세포 표면으로 수송하는 약물과 결합해야 할지도 모른다고 생각했다. 실제로 쉴리앙은 망막신경절세포가 축삭이 절단되면 영양인자에 대한 반응성을 빠르게 잃어버리지만, BDNF와 CNTF와 같은 영양인자를 세포 투과성 cAMP 유사 물질이자 포스포다이에스터레이스에 의해 분해되지 않는 CPT-cAMP과 함께 망막에 주입하면 세포의 생존이 강력히 촉진된다는 것을 보였다.[11]

하지만 위에서 언급한 것처럼, 표적에서 유래한 신호가 생체 내에서 정상적인 망막신경절세포의 생존에 중요한지는 명확하지 않다. 사실 망막신경세포는 별아교세포 및 별아교세포와 유사한 뮐러 신경아교세포로 둘러싸였는데, 이들이 망막신경절세포의 생명을 유지하는 결정적인 영양 신호를 만들 가능성이 있다. 축삭을 절단하더라도 망막 내에서 영양 신호의 흐름이 차단되어서는 안 된다. 망막신경절세포는 축삭이 절단된 후 전기적으로 활동이 정지하고 (이온채널과 수용체가 억제되거나, 혹은 망막 내 시냅스 접촉이 사라지거나 줄어들기 때문에) 세포 내부의 cAMP 수치가 떨어지기 때문에 죽을 수도 있다. 세포가 별아교세포가 분비하는 영양인자에 대한 반응성을 잃는 것이다. 그러나 나중에 보겠지만, 축삭이 절단된 이후 망막신경절세포가 죽는 이유는 영양인자 결핍으로 인해 세포사멸이 유도된 게 아니라, 세포 주위에 활성화된 별아교세포가 죽이기 때문이었다.

그럼에도 불구하고 망막신경절세포가 축삭돌기가 절단된 이후에도 살아 있게 만들 수 있다면—bcl2처럼 세포사멸을 차단하는 유전자를 발현시키거나, 셴과 동료 연구자들이 보고한 바와 같이 영양 접근법을 사용하거나,[12] 망막신경절세포가 전부 죽기까지 여러 주가 걸리는 실험용 쥐 성체에서 축삭 재생을 연구함으로써—성공적인 축삭 재생을 방해하는 메커니즘을 탐구할 수 있을 것이다. 활성화된 별아교세포와 퇴화하는 수초로부터 나오는 억제성 신호의 역할에 주목한 연구가 과거에 많이 이루어졌다. 이 신호는 축삭돌기의 성장원추를 붕괴시켜 축삭돌기가 생장하지 못하게 만든다. 별아교세포의 특정 콘드로이틴 황산 프로테오글리칸과 퇴화하는 미엘린수초의 노고Nogo 단백질이 지금까지 밝혀진 억제성 분자들이다. 우리 연구실의 제프리 골드버그는 축삭돌기의 재생을 방해하는 희소돌기아교세포성 억제 물질로 세마포린-5Asemaphorin-5A를 찾아냈다.[13] 그리고 놀랍게도 연구실의 알리사 윈즐러Alissa Winzeler와 윔 맨드메이커스Wim Mandemakers는 미엘린수초와 연관되어 축삭돌기의 생성을 억제하는 최초의 지질성 억제 물질로서 미엘린 지질 설파타이드myelin lipid sulfatide를 찾아냈다.[14] 이들은 희소돌기아교세포에 이 지질이 없는 쥐에서 망막신경절세포의 축삭이 절단되었을 때 재생률이 현저히 높다는 것을 보였다. 관련된 축삭돌기 수용체는 아직 밝혀지지 않았고 미래에 중요한 연구 주제가 될 것이다.

말초신경계의 축삭돌기가 더 잘 재생하는 이유 가운데 하나는 축삭이 절단된 다음에 퇴화된 미엘린수초가 빠르게 제거되기 때문이다. 그러나 중추신경계에서는 세포가 손상된 이후에 퇴화된 미엘린수초가 그것이 분비하는 억제성 신호와 함께 10년 이상 남아 있다. 우리 연구실의 여러 젊은 과학자들은 손상된 중추신경계에서 미엘린수초 파편이 느리게 청소되는 이유에 대해 새로운 통찰을 얻기 바라는 마음으로 말초신경계에서 미엘린수초가 제거되는 메커니즘을 연구했다. 마우리시오 바가스Mauricio Vargas는 말초신경계에서 퇴화된 미엘린수초가 제거되는 과정에 항체가 중요한 역할을 할지도 모른다고 생각했다. 혈뇌장벽이 중추신경계의 미엘린수초를 제거하지 못하도록 막을 수도 있기 때문이다. 마우리시오는 면역세포의 일종인 B세포가 없어서 항체를 전혀 만들지 못하는 JHD 돌연변이 쥐를 이용해 일련의 실험을 수행했다.[15] 실험 결과 이 쥐는 대식세포 유입, 미엘린수초 제거, 축삭돌기 재생에 있어서 심각한 지연을 나타냈다. 그러나 이 돌연변이 생쥐에게 정상 생쥐에서 추출한 항체 또는 항 말초신경계 미엘린수초 항체를 주입했더니 미엘린수초 파편이 다시 빠르게 제거되었다.

이 결과로 마우리시오는 퇴화된 말초신경계 미엘린수초가 기존의 내인성 항체의 표적임을 보였고, 치유되는 동안 손상된 미엘린수초를 제거하는 과정에 면역글로불린이 관여한다는 사실을 증명했다. 또한 중추신경계는 면역 작용이 거의 일어나지 않는 면역 특권 지역인데 이런 특성이 중추신경계 신경세포가 손상된 후 미엘린수초의 제거와 축삭돌기 재생이 일어나지 않는 데 기여할 가능성이 있다. 나중에 보겠지만 다른 말초신경계 미엘린수초 제거 메커니즘 역시 중추신경계 손상 이후 작동하지 않았다. 마우리시오의 관찰은 마틴 슈왑Martin Schwab 연구팀이 손상된 중추신경계에 노고 항체를 주입했을 때 노고 단백질이 없는 돌연변이 쥐에서보다 축삭돌기 재생이 훨씬 빨라진 이유를 제시한다. 분명 노고 항체는 미세아교세포 또는 대식세포에 의한 미엘린수초 제거를 촉진하며, 퇴화된 미엘린수초를 포식하는 어떤 항체도 노고와 비슷한 방식으로 미엘린수초을 제거하는 데 일조할 것이다. 내가 아는 한 이 가능성은 아직 연구되지 않았다.

마우리시오의 실험으로 말초 대식세포가 퇴화된 말초신경계 미엘린수초를 청소하는 방식을 이해할 수 있었다. 그러나 마우리시오를 비롯한 다른 이들의 실험에서 볼 수 있듯이, 슈반세포도 퇴화된 미엘린수초를 포식하지만 그 메커니즘은 알려지지 않았다. 슈반세포가 미엘린수초의 파편을 제거하는 방식을 우리 연구실의 아맨다 브로쉬스-루츠Amanda Brosius-Lutz가 연구했다. 아맨다는 신경의 인위적 손상을 일으키기 전과 후에 슈반세포를 정제하는 방법을 개발하고,

정제한 슈반세포로 RNA 염기서열 분석을 수행해 가능성 있는 포식 경로를 찾았다. 아맨다는 슈반세포가 미엘린수초의 파편을 제거하기 위해 주로 Mertk와 Axl 작용 경로를 사용한다는 것을 밝혔다.[16] 배양된 슈반세포는 미엘린수초의 파편을 왕성하게 먹어치웠지만 이 두 포식성 수용체가 없는 슈반세포는 파편을 전혀 제거하지 못했다. 생체 내에서 슈반세포에 이들 경로가 없을 때는 중복적인 역할을 담당하는 대식세포나 그 밖의 면역세포에 의해 미엘린수초가 제거되기는 하지만 제거 속도가 느렸다.

아맨다는 배양된 별아교세포가 동일한 포식 경로를 통해 왕성하게 미엘린수초 파편을 먹어치운다는 사실을 보였고, 그렇다면 생체 내에서 중추신경계 신경세포의 축삭이 절단된 후에는 왜 별아교세포가 같은 일을 하지 못하는지 질문하게 했다. 나중에 보겠지만 이런 종류의 손상에 의해 별아교세포가 활성화되면 포식 능력을 상실한다. 간단히 정리하면, 미세아교세포는 미엘린수초 파편을 처리하는 능력이 크지 않으며, 대식세포는 망가진 신경으로 들어갈 수 없고 (이들은 혈뇌장벽이 무너진 지역에서만 진입할 수 있다), (신경세포 손상으로 인해) 활성화된 별아교세포는 미엘린수초 파편을 먹어치우는 능력을 상실한다. 그렇다면 왜 중추신경계가 미엘린수초 파편을 쉽게 치우지 못하는지 분명해졌다. 그러나 이러한 발견을 기반으로, 활성화된 별아교세포를 정상적으로 돌려놓음으로써 포식 능력을 복원하는 약물을 개발한다면 중추신경계 손상 이후에도 미엘린수초 파편의 제거를 유도할 수 있다는 가능성을 엿볼 수 있다.

앞에서 설명한대로 축삭돌기의 재생을 억제하는 외부 메커니즘에 대한 많은 관심이 쏟아지고 있었지만, 제프리 골드버그는 우리 연구실에 있으면서 이와 연관된 내부 메커니즘에 관심을 기울였다. 구체적으로 그는 중추신경계 신경세포가 발달을 마치고 나이가 들어가면서 내재되어 있던 재생 능력을 상실하는 건지도 모른다고 생각했다. 이전에 다른 연구자들은 성인의 뇌로 이식된 배아 신경세포가 미엘린수초가 많은 뇌 지역을 통과하여 장거리까지 재생할 수 있음을 보였다. 그래서 제프리는 17일 된 배아(E17)에서부터 성체(P60)까지 다양한 연령에서 실험용 쥐의 망막신경절세포를 정제한 다음, 무혈청배지에서 BDNF에 반응하는 축삭돌기 생장 속도를 측정했다. 측정 결과, 일반적으로 축삭돌기가 표적에 도달하는 시기인 출생 직전까지 모든 배아 망막신경절세포는 빠르게 축삭돌기를 확장했다. 그러나 무혈청배지에서 배양한 E17 망막신경절세포는 생체 내에서라면 속도가 감소했을 시점을 훨씬 넘어서 몇 주 동안이나 지속적으로 빠르게 축삭돌기를 확장시켰다. 반면에 태어난 지 하루된(P0) 또는 그 이후에 추출한 망막신경절세포의 경우에는 장기간 배양해도 빠른 생장 능력을 회복하지 못했다. 제프리는 출생 시점인 P0를 전후해 일어난 어떤 세포 간의 상호작용으로 인해 망막신경절세포가 생장 능력을 완전히 상실했다고 추론했다.

놀랍게도 이런 결과는 신경세포가 시냅스를 형성하고 분포하게 되는 표적 조직 때문에 생기는 것이 아니었다. 제프리는 망막 내의 무축삭 신경세포가 갓 태어난 쥐의 망막신경절세포로 보낸 신호가 내재된 축삭 생장 능력을 완전히 소실하고 되돌릴 수 없게 만든다는 것을 보였다. 동시에 제프리는 망막이 성숙하면서 망막신경절세포를 자극하여 가지돌기의 생장 능력을 증진시킨다는 것을 밝혔다.[17] 이러한 발견은 성체의 중추신경계 신경세포가 재생하지 못하는 이유가 단지 신경아교세포가 재생을 억제하기 때문만이 아니라 신경세포 자체적으로 축삭돌기 재생 능력을 잃어버리기 때문이기도 하다는 강한 증거를 제시했다. 배아와 출생 이후 다양한 연령에서 망막신경절세포의 유전자를 분석하여[18] 제프리는 몇몇 흥미로운 유전자 후보를 찾아냈고, 현재 자신의 연구실에서 연구 중이다. 이처럼 되돌릴 수 없는 전환 뒤에는 후성유전학적 변화(DNA 염기서열의 변화 없이 유전자 발현이 조절되는 과정—옮긴이)가 자리 잡고 있다고 추정된다.

물론 성체의 망막신경절세포를 유도해 축삭돌기를 재생하도록 만들 수는 있지만, 이들이 적절한 표적을 찾아 시각 기능을 복원하는 시냅스를 형성할 수 있는가 하는 점이 중요한 질문이 된다. 앤디 후버먼은 우리 연구실에 있으면서 다양하고 기발한 방법으로 망막신경절세포에서만 녹색형광단백질GFP이 발현되는 형질전환 생쥐를 가려냈다. 이 쥐는 록펠러 대학교에서 너새니얼 헤인츠Nathaniel Heintz의 유전자 발현 신경 시스템 지도GENSAT 프로젝트로 만들어졌다. 망막신경절세포에는 20종류 이상의 하위 유형이 있는데, 앤디는 이 중에서 다섯 개에 대해 표지된 쥐를 찾아냈다. 이 쥐들은 각 망막신경절세포 하위 유형의 개별 표적 영역을 조사하고, 각 하위 유형이 연결을 발달시키는 과정을 밝히며, 이와 연관된 분자 메커니즘을 찾아내는 데 필요한 강력한 도구로 이용되었다.[19] 앤디는 이 쥐를 활용해 각 망막신경절세포 하위 유형의 정상적인 표적 영역을 식별하고, 이들이 실제로 적절한 표적 영역에서 재생되어, 기능하는 연결을 형성하고 시각 기능을 복원할 수 있음을 보였다.

이런 시도들로 미루어보아, 중추신경계가 손상된 이후에도 기능을 회복시킬 가능성이 점차 커지고 있으며, 제프리 골드버그와 앤디 후버먼, 그밖의 다른 이들이 안구 이식을 통해 시각 장애를 치료하는 날이 올 거라고 희망한다. 물론 실현되려면 아직 해야 할 일이 많이 남아 있지만.

희소돌기아교세포 발달, 랑비에결절 형성, 미엘린 수초화의 이해

망막신경절세포의 정제 및 배양법을 알아낸 다음, 우리는 희소돌기아교세포를 이용해 정제한 망막신경절세포의 미엘린 수초화를 유도할 수 있을지 알고 싶었다. 중추신경계 신경세포의 수초화 연구는 수초화가 빠르고 왕성하게 진행되는 배양 시스템이 없어서 어려움을 겪고 있었다. 배양된 망막신경절세포에 희소돌기아교세포를 첨가했더니 비록 수초화가 일어나지는 않았지만(자세한 내용은 아래에서 설명하겠다), 망막신경절세포의 축삭돌기를 따라 아름답고 규칙적으로 무리 지어 배열된 나트륨 이온채널이 나타났다. 조건배지를 사용했기 때문에 망막신경절세포와 희소돌기아교세포

사이에 직접적인 접촉이 없었는데도 말이다.

말초신경계에서는 이처럼 나트륨 이온이 결절마다 무리 지어 나타나게 유도하려면 반드시 슈반세포가 직접적으로 접촉해야 하므로 당시에는 중추신경계에서도 나트륨 이온채널을 유도하기 위해서는 결절에 이와 유사한 별아교세포 접촉이 있어야 한다고 믿어졌다. 따라서 이 결과는 매우 놀라웠다. 더구나 우리가 실험에 사용한 망막신경절세포-희소돌기아교세포 배양에는 별아교세포가 없었다. 우리는 희소돌기아교세포가 이처럼 이온채널의 생성을 유도하는 단백질을 분비한다는 사실을 알아냈지만 어떤 단백질인지는 아직 알지 못한다. 희소돌기아교세포가 없는 돌연변이 들쥐에서는 나트륨 이온채널이 거의 발달하지 않았으므로, 생체 내에서 축삭돌기를 따라 나트륨 이온채널이 형성되려면 희소돌기아교세포가 필요하다는 것을 알 수 있다.[20] 이 사실은 예상치 않았던 희소돌기아교세포의 새로운 기능을 밝힌 셈이다.

또한 우리는 희소돌기아교세포 전구세포가 수초화 기능을 하는 희소돌기아교세포로 분화하는 메커니즘을 연구했다. 희소돌기아교세포 전구세포가 여러 경로 안에서 희소돌기아교세포로 분화하는 시점이 정확히 조절된다는 것은 잘 알려진 사실이다. 일반적으로 분화는 특정한 축삭 경로에 의해 표적 지역에 신경이 분포된 직후에 일어난다. 우리 연구실의 송리 왕Songli Wang은 희소돌기 전구세포가 Notch1 수용체를 많이 발현하며, 배양 상태에서 이 수용체를 활성화시키면 분화가 강하게 억제된다는 것을 밝혔다.[21] 게다가 송리는 생체 내에서 망막신경절세포가 Notch 단백질 결합 물질인 jagged1을 발현하고, jagged1 단백질이 세포의 축삭돌기에 축적되며, 동시에 시신경이 수초화될 무렵에는 축삭돌기에서 감소한다는 것을 보였다. 이 결과는 표적으로의 신경분포가 망막신경절세포를 유도해 jagged1 mRNA 또는 단백질이 축삭돌기로 운송되는 것을 억제한다는 가설을 제시한다. 이 가능성은 아직 검증되지 않았지만, 다른 연구팀들은 실제로 중추신경계에서 Notch1이 없을 때 수초화가 예상보다 이르게 진행되거나 비정상적인 장소에서 일어난다는 것을 확인했다.

중추신경계의 신경세포에서 수초화가 일어나는 시기를 이처럼 정확하게 조절하는 것이 무엇인지, 또 이 수초화가 왜 표적에서의 신경 분포가 이루어진 이후에만 일어나는지는 흥미롭고 또 아직 해결되지 않은 매우 중요한 문제이다. 표적에서 기인하는 신호가 없다는 것이 아직까지 중추신경계 신경세포의 수초화가 왕성하게 진행되는 배양 체계가 개발되지 않은 이유를 설명한다.

제이슨 두가스Jason Dugas는 희소돌기아교세포가 전구세포로부터 분화해 새로운 희소돌기아교세포가 되고, 또 수초화 기능을 수행하는 희소돌기아교세포로 성숙하는 과정을 더 잘 이해하기 위해 일주일 간격으로 분화 정도가 다른 시점에 희소돌기아교세포를 분리하고 mRNA를 추출해 유전자 발현 분석을 실시했다. 그 결과 희소돌기아교세포는 고유한 전사인자에 의해 조절되는 연속적인 분화 단계에서, 신경세포나 그밖에 다른 종류의 세포가 없이도 정상적으로 완벽하게 성숙했다.[22] 이 같은 유전자 발현 분석을 통해 희소돌기아교세포 분화를 강하게 조절하는 Id2, p57Kip2, Dicer1, mir-219, KLF9을 찾아내기도 했다.[23]

벤 에머리Ben Emery는 존 카호이John Cahoy와 함께 추가적인 전사체 연구를 통해 희소돌기아교세포의 수초화 기능을 조절하는 전사인자를 자세히 연구했다. 벤은 중추신경계 신경세포의 수초화에 필요한 전사 조절자로 새로운 유전자인

Myrf(미엘린수초 조절인자)를 찾아냈다(당시에는 mode 98으로 불렸음).[24] 벤은 중추신경계에서 Myrf 유전자는 분화가 완료된 희소돌기아교세포에서 특이적으로 발현하며, 진화적으로 보존되어 효모의 전사인자와 유사한 DNA 결합 도메인 염기서열을 포함한다고 밝혔다. 희소돌기아교세포 내에 Myrf 단백질이 없는 쥐는 희소돌기아교세포를 만들더라도 미엘린 유전자를 발현하지 못해 미엘린 수초화가 진행되지 않는다. 이 쥐는 심각한 신경계 이상을 나타냈으며, 생후 3주 만에 발작을 일으키며 죽었다. 따라서 Myrf는 희소돌기아교세포의 성숙과 중추신경계 신경세포의 수초화에 절대적으로 필요한 전사 조절자임을 알 수 있다. 벤은 자신의 실험실에서 Myrf는 세포막에 연관된 전사인자로 자가단백질분해에 의해 쪼개져 직접 미엘린 유전자를 활성화한다는 대단히 흥미로운 사실을 밝혀냈다.[25] 이는 미엘린 수초화를 조절하는 아직 밝혀지지 않은 메커니즘이 있음을 암시한다.

희소돌기아교세포에 의한 미엘린 수초화의 분자적 기초를 더 잘 이해하기 위해, 우리는 시험관에서 좀 더 빠르고 왕성하게 수초화가 이루어지는 세포 배양법을 개발하기 위해 애썼다. 그 과정에서 우리는 별아교세포가 아직 밝혀지지 않은 특정 신호를 분비해 희소돌기아교세포에 의한 축삭돌기의 수초화를 증가시킨다는 것을 알아냈다.[26] 그러나 트렌트 왓킨스Trent Watkins가 우리 연구실에서 전자 현미경을 통해 감마 세크레타제를 억제하는 물질이 수초화가 신속하게 일어나도록 자극한다는 사실을 밝혀냈고, 이는 이전까지 시험관에서 진정한 미엘린 수초화가 일어나지 않았던 이유라 생각된다.[27] 트렌트는 감마 세크레타제를 억제하는 것이 미엘린 수초화를 저해하는 Notch 신호전달 경로를 억제할지도 모른다고 생각했다. 그러나 실험 결과 감마 세크레타제 억제 효과는 Notch에 작용하는 것이 아니었으며 아직 밝혀지지 않은 감마 세크레타제 기질에 의한 것임이 밝혀졌다. 트렌트는 배양된 세포에서 미엘린 수초화의 과정을 실시간 현미경을 통해 직접 관찰할 수 있었다. 놀랍게도 희소돌기아교세포가 일단 수초화를 시작하면, 희소돌기아교세포가 분화한 직후 초기의 제한된 시간 동안 며칠 안에 모든 축삭돌기의 수초화를 마치며, 일단 완료되면 다시는 다른 축삭돌기를 수초화하지 않았다.

이후로 얼마 지나지 않아 데이비드 리온스David Lyons가 제브라피시의 생체 내에서 이와 유사한 희소돌기아교세포의 미엘린 수초화 과정을 이미지로 관찰했다. 이는 희소돌기아교세포 계열의 세포가 연속적인 성숙 단계를 거치도록 유도하는 내재된 유전 프로그램이 작동하며, 한 희소돌기아교세포가 일단 미엘린 수초화를 완료하면 다시는 수초화를 할 수 없다는 사실을 제시한다. 이 결과는 다발성 경화증에서 미엘린 재수초화가 일어나지 못하는 까닭을 이해하는 데 중요하다. 희소돌기아교세포 전구세포에서 새로운 희소돌기아교세포가 생성되는 것이야말로 재수초화가 성공적으로 일어나는 데 중요한 것으로 보인다.

그런데 중추신경계 미엘린 수초화의 분자적인 기초는 무엇일까? 미엘린기초단백질MBP이 미엘린 수초화에 매우 중요하다는 사실은 미엘린기초단백질이 없는 쉬버러shiverer 돌연변이 쥐가 수초화 기능을 상실한 희소돌기아교세포를 생산한다는 실험 결과를 바탕으로 오랫동안 알려져왔다. 브래드 주케로Brad Zuchero가 우리 연구실에 합류하면서 분화하는 희소돌기아교세포의 유전자 분석을 세심하게 진행했고, 그 결과 액틴을 조절하는 유전자에 변화가 있음을 알아냈다. 브래드는 희소돌기아교세포에 의한 프로세스 확장과 축삭돌기 미엘린 수초화 초기 단계에 Arp2/3에 의한 역동적인 액틴 필라멘트 조립이 필요하다는 사실을 보였다. 그러나 놀랍게도 미엘린 수초화 과정 후반에는 반대로 액틴 해체 단백질이 과발현되었고, Arp2/3가 필요치 않는 희소돌기아교세포의 액틴 세포 골격이 빠르게 해체되는 과정이 일어남을 밝혔다. 브래드가 액틴 필라멘트의 소실을 유도했더니 생체 내에서 희소돌기세포 세포막이 퍼지면서 미엘린 수초화가 이루어졌다. 그는 정상적인 미엘린 수초화가 이루어지려면 액틴 해체 인자인 젤솔린gelsolin이 필요하다는 것을 보였다. 놀랍게도 액틴 해체에는 미엘린기초단백질이 필요하고, 미엘린기초단백질이 없는 경우에는 액틴 해체 단백질이 소실된 경우와 같은 현상을 보였다.[28] 브래드의 발견은 미엘린 수초화의 분자적 메커니즘에 대한 새로운 이해를 제시했고, 이것이 액틴에 의존하지 않는 포유류 세포 이동 형태임을 밝혔다. 브래드는 이제 자신의 연구실에서 미엘린기초단백질이 액틴 해체 및 미엘린 수초화를 유도하는 방식을 이해하기 위한 매우 흥미로운 연구에 초점을 맞추고 있다.

별아교세포 정제와 배양법 개발, 별아교세포 전사체 규명

처음 스탠퍼드에서 시작할 때 나는 발달 중인 시신경에서 별아교세포를 정제하는 방법을 개발했지만, 이 방법으로 설치류의 뇌에서 별아교세포를 분리할 수는 없었다. 당시에 뇌의 별아교세포를 배양하는 방법은, 갓 태어난 새끼의 뇌에서 세포 부유액을 만들고 우태혈청을 포함하는 배지에서 일주일 정도 배양한 다음 윗층의 미세아교세포와 희소돌기아교세포 계열의 세포(그리고 일부 신경세포)를 버리고 오염된 세포의 생장을 막기 위해 유사분열 억제제를 넣고 나머지 세포를 배양하는 것이었다.

과거에 맥카티McCarthy와 드벨리스DeVellis가 개발한 이 방법은(우리 연구실에서는 이 별아교세포를 MD 별아교세포라고 부른다) 몇 주가 걸리고, 효율적이지 않았으며, 갓 태어난 뇌만 사용해야 했다. 배양된 세포가 별아교세포인지 신경아교세포 전구세포의 일종인지도 확실하지 않았고, 신경줄기세포가 많이 섞여 있었으므로 시간이 지나면서 새로운 신경세포가 생겨났고 남아 있는 미세아교세포로 심하게 오염되었다. 게다가 혈청을 사용했기 때문에 정제된 세포의 속성이 크게 달라지면서 활성화되었다. 우리는 좀 더 성숙한 설치류 뇌세포 조직에서 별아교세포를 분리할 수 있는 정제법을 꼭 개발하고 싶었다.

우리는 여러 해 동안 애썼지만 면역패닝에 필요한 항체(별아교세포에는 결합하고 다른 세포에는 결합하지 않는)를 찾지 못해 실패했다. 존 카호이가 우리 연구실에 합류하면서 이 문제를 해결해보기로 했다. 그는 S100b 프로모터(촉진유전자)에 의해 녹색형광단백질을 발현하는 다양한 형질전환 쥐를 훑으며 논문에서 가능성 있어 보이는 쥐를 한 종류 찾았다. 면역패닝 실험 결과, 이 쥐는 별아교세포와 희소돌기아교세포 전구세포에서만 녹색형광단백질을 발현했다. 이는 간단하고 성공 확률이 높은 정제법을 개발하는 데 중요했다. 존은 처음에 면역패닝으로 희소돌기아교세포 전구세포와 희소돌기아교세포를 제거하고 다음에는 형광 물질 활성세포분류FACS 분석기를 사용해 남아 있는 녹색형광단백질 세포를 정제해 순도 높은 별아교세포를 얻었다.

존은 이 과정에서 부산물로 고도로 정제된 희소돌기아교세포 전구세포, 갓 형성된 희소돌기아교세포, 성숙한 희소돌기아교세포를 얻었다. 분류해내고 남은 세포에는 신경세포가 대단히 많이 들어 있었다. 당시 새로운 버전이 출시된 애피매트릭스사의 유전자 칩을 사용해 존은 벤 에머리와 함께 굉장히 아름다운 데이터를 만들어냈다. 이들의 논문, 「별아교세포, 신경세포, 희소돌기아교세포 전사체 데이터베이스: 뇌 발달과 기능을 이해하는 새로운 보고A Transcriptome Database for Astrocytes, Neurons, and Oligodendrocytes: A New Resource for Understanding Brain Development and Function」[29]는 우리 연구실에서 낸 논문 중에서 가장 많이 인용된다. 이 자료는 우리 실험실뿐만 아니라 다른 연구자들에게도 대단히 유용한 지침이 되었다. 이는 새롭고 검증할 수 있는 가설을 세우고 신경아교세포의 기능과 신경세포-신경아교세포의 상호작용을 이해하는 데 필요한 정보를 제공했다.

이 데이터베이스로 마침내 설치류의 뇌에서 별아교세포를 분리하기 위한 면역패닝 개발을 시도할 수 있었다. 무혈청배지에서 별아교세포를 정제하고 배양하는 것은 이들의 기능은 물론 다른 종류의 뇌세포와의 상호작용을 이해하는 데 매우 중요하다. 리넷 푸Lynette Foo가 이 과제를 맡아서 씨름했다. 리넷은 데이터베이스를 분석해, 고도로 발현되는 별아교세포 유전자로서 다른 종류의 뇌세포에 의해서는 발현되지 않는 형질막 단백질plasma membrane protein 유전자를 찾아냈다. 고된 실험과 독창성으로 리넷은 뇌에 들어 있는 별아교세포를 면역패닝하고 정제하는 간단한 방법을 고안했다. 그러나 이것은 절반의 성공이었는데, 예상한 대로 정제된 별아교세포가 배양 상태에서 빠르게 세포사멸을 겪었기 때문이다.

리넷은 혈관세포가 헤파린 결합 상피세포 성장인자HBEGF를 분비함으로써 무혈청배지에서 배양된 별아교세포의 생존을 강하게 촉진한다는 것을 알아냈다. 이 성장인자는 별아교세포가 많이 발현하는 수용체인 상피세포 성장인자 수용체EGFR에 결합하는 물질이기 때문에 흥미로운 후보였다. 리넷은 HBEGF를 무혈청배지에 첨가해 별아교세포가 죽지 않고 살아 있게 유지시킬 수 있었다. 리넷은 또한 생체 내에서 발달 중인 일부 별아교세포는 정상적으로 세포사멸을 겪고, 다수의 별아교세포는 혈관에 접촉한다는 사실도 밝혔는데, 이는 별아교세포가 HBEGF와 같은 혈관 유래 영양인자를 두고 혈관과 경쟁한다는 가설을 제시한다. 마지막으로 리넷은 전통적으로 사용된 MD 별아교세포 세포 배양과 비교했을 때, 면역패닝으로 배양한 별아교세포의 유전자 발현 분석 결과가 생체 내 별아교세포에 훨씬 가깝다는 것을 밝혔다.[30] 리넷이 개발한 간단한 정제 및 배양법은 이후 우리 연구실에서 이루어진 별아교세포 연구의 상당 부분에 귀중한 도구가 되었다. 예 장과 스티븐 슬론이 우리 연구실에 합류했을 때 이들은 이 방법을 기반으로 RNA 염기서열 분석을 통해 대뇌피질에서 양질의 신경아교세포, 신경세포, 혈관세포의 전사체와 스플라이싱splicing 데이터베이스를 구축할 수 있었다.[31]

시냅스 형성과 기능에서 별아교세포의 적극적인 역할 규명

—

망막신경절세포와 별아교세포를 정제하고 배양하는 방법을 개발하게 되면서 마침내 우리는 다음과 같은 질문을 던질 수 있게 되었다. 신경세포가 혼자서 할 수 있는 일은 무엇이고, 별아교세포가 신경세포를 위해 해주어야 하는 일은 무엇인가? 프랭크 프라이저Frank Pfrieger는 우리 연구실에 들어오면서 별아교세포가 시냅스 기능을 제어하는 역할을 하는지 질문했다. 생체 안에서 대부분의 시냅스는 별아교세포에 의해 감싸 안아진다. 과거에 별아교세포는 대개 시냅스를 분리하거나 이온 농도 조절을 돕거나 방출된 신경전달물질을 빠르게 제거하는 등 상대적으로 수동적인 역할을 한다고 여겨졌다. 그러나 별아교세포가 시냅스에서 좀 더 적극적인 역할을 하지는 않을까?

이를 알아내기 위해 프랭크는 망막신경절세포를 별아교세포가 있을 때와 없을 때, 두 조건에서 배양했다. 별아교세포가 없는 상태로 무혈청배지에서 망막신경절세포에 작용하는 영양인자와 함께 배양했을 때, 망막신경절세포는 아름답게 가지돌기를 뻗어내면서 축삭돌기를 형성했고, 탈분극 전류를 주입하면 전기적으로 흥분했다. 그러나 놀랍게도 자발적인 시냅스 작용은 거의 일어나지 않았고 시냅스 전달 실패율도 높았다. 그러나 별아교세포와 함께 배양하면 직접 접촉하든 조건배지에서 배양하든 상관없이 자발적 시냅스 후 전류spontaneous postsynaptic current의 진동수 및 진폭이 각각 70배와 5배씩 증가했고 전달 실패율도 줄어들었다. 별아교세포는 활동전위와는 독립적으로 양자적 방출을 12배 증가시켰다. 따라서 배양된 망막신경절세포는 비효율적인 시냅스를 형성하며, 완벽하게 기능하려면 별아교세포의 신호를 필요로 한다고 추정할 수 있다.[32] 당시에는 신경세포가 기능적인 시냅스를 형성하기 위한 모든 분자 기전을 자체적으로 발현한다고 생각했으므로 이러한 결과는 상당히 의외였다.

이렇게 별아교세포가 없을 때 시냅스가 활동하지 않는 현상을 어떻게 설명할 수 있을까? 망막신경절세포가 시냅스 형성에 실패한 걸까? 아니면 시냅스를 만들긴 하지만 작동하지 않는걸까? 에릭 율리안이 다음으로 이 문제를 다루었다. 그는 양자적 분석, FM1-43 염색, 면역염색법, 전자현미경을 포함한 다양한 실험을 통해 별아교세포가 없으면 망막신경절세포의 시냅스가 거의 형성되지 않으며, 만들어진 소수의 시냅스조차 기능적으로 미성숙함을 보였다. 그러나 별아교세포가 있을 때 신경세포는 제대로 기능하는 성숙한 시냅스를 7배나 증가시켰고, 시험관에서도 시냅스를 유지하는 데 별아교세포가 필요했다. 덧붙여, 발생 중인 설치류의 체내에서 대부분의 시냅스가 별아교세포의 발생과 동시에 생성되었다. 이와 같은 결과는 별아교세포가 중추신경계 시냅스를 유도하고 안정시키는 데 적극적으로 관여한다는 것을 제시한다.[33] 이와 비슷하게 에릭은 브렌트 해리스Brent Harris와 함께 슈반세포가 정제된 척수운동신경세포 사이의 시냅스 형성을 강하게 촉진한다는 것을 보였다.[34]

이 결과들은 시냅스 형성을 유도하고 기능을 강화하는 별아교세포의 적극적인 역할을 강하게 뒷받침한다. 그러나 생체 내에서도 유사하게 기능하는지 확인하기 위해 별아교세포에서 분비하는 분자 중에 시냅스 형성과 기능을 촉진하는 물질을 찾아내야 했다. 캐런 크리스토퍼슨Karen Christopherson이 생화학적 접근법으로 트롬보스폰딘thrombospondins, TSP 1과 2를 찾았다. 이 물질은 중추신경계 시냅스 형성의 촉진제로서, 발생 중인 그러나 아직 성숙하지 않은 별아교세포에서 발현 및 분비되었다(생체와 시험관에서 모두). 캐런은 트롬보스폰딘이 시냅스 전presynapse상에서는 활성화되어 있지만 시냅스 후postsynapse상에서는 비활성화되어 있는, 초미세구조상 정상적인 시냅스를 유도하며, 아직 밝혀지지 않은 별아교세포 분비 신호와 협업하여 정상적으로 기능하는 시냅스를 생산한다고 밝혔다.[35]

찰라 에로글루Cagla Eroglu는 신경세포 트롬보스폰딘 수용체의 정체를 밝히는 과제를 맡아 알파2델타-1을 찾아냈다. 이는 기능이 아직 알려지지 않은 전압 의존성 칼슘 이온채널의 소단위로, 커다란 세포 외 도메인이 있으며, 간질 및 신경성 통증 약물인 가바펜틴 수용체로도 알려졌다. 찰라는 알파2델타-1의 VWF-A 도메인이 모든 트롬보스폰딘에 공통적인 상피 성장인자 유사 반복 서열과 상호작용하며, 알파2

델타-1을 과발현하면 생체 내와 시험관에서 모두 시냅스 형성이 증가되고, 시험관에서는 시냅스 후에서 발현하여 트롬보스폰딘 및 별아교세포에 의해 유도되는 시냅스 형성에 필요하다는 것을 보였다. 또한 가바펜틴이 트롬보스폰딘의 알파2델타-1 결합을 상쇄해 생체와 시험관 모두에서 흥분성 시냅스 형성을 강력하게 억제한다는 것을 발견했다.[36]

이 실험들은 모두 별아교세포가 발달 중인 중추신경계의 시냅스 형성을 촉진한다는 사실을 보여주었을 뿐 아니라, 치료제로서 가바펜틴 작용을 이해하기 위한 중요한 한 걸음을 내딛었다. 찰라는 또한 생체 및 시험관에서[37] 흥분성 시냅스 형성을 강하게 촉진하는 물질로 별아교세포에서 분비하고 강하게 발현되는 SPARC 유사 단백질 SPARCL1(또는 hevin)을 규명했다. 그리고 SPARCL1이 뉴렉신-1 알파neurexin-1 alpha와 뉴롤리진-1Bneuroligin-1B를 연결하는 다리를 놓아 글루타메이트성 시냅스를 유도한다고 밝혔다.

별아교세포가 분비하는 트롬보스폰딘과 SPARCL1은 둘 다 구조적 시냅스 형성을 유도하지만 이들은 시냅스 후상으로는 비활성화된 상태의 시냅스를 만든다. 그렇다면 별아교세포가 어떤 식으로 시냅스 형성을 촉진한다는 말일까? 프랭크 프라이저는 자신의 연구실에서 별아교세포에서 분비하는 콜레스테롤이 시냅스 전 작용을 강하게 증진시킨다는 것을 보였다. 니키 앨렌Nicky Allen은 우리 연구실에 합류한 뒤, 별아교세포가 시냅스 후 기능까지 크게 촉진시킨다는 사실을 보였다. 놀랍게도 별아교세포가 없는 순수한 배양 세포에서 망막신경절세포는 중추신경계의 일반적인 신경전달물질인 글루타메이트의 수용체인 AMPA 수용체 mRNA(GluR1, 2, 3, 4)를 발현하고 단백질을 만들지만, 이 단백질은 망막신경절세포 내부에 머무를 뿐 시냅스 표면까지 도달하지 못했다. 별아교세포는 신호를 보내어 네 개의 AMPA 글루타메이트 수용체가 모두 시냅스 표면으로 가도록 빠르게 유도했다. 니키는 별아교세포 조건배지를 생화학적으로 분리하여 정제된 망막신경절세포 사이에서 작용하는 시냅스를 유도하는 신호 물질로 글리피칸-4Gpc4와 글리피칸-6Gpc6를 찾아냈다. Gpc4와 Gpc6는 별아교세포에서 분비하는 물질로, Gpc4를 정제된 신경세포에 첨가했더니 글루타메이트에 의한 시냅스 작용의 진동수와 진폭이 증가했다. 반면에 Gpc4가 결핍된 생쥐는 시냅스 형성에 결함을 보여 발생 중인 해마에서 흥분성 시냅스 전류의 진폭이 감소하고 시냅스에서 AMPA 수용체를 덜 사용했다. 니키의 실험을 통해 별아교세포에서 분비하는 물질 가운데 글루타메이트 수용체 집락형성clustering과 수용성receptivity을 촉진하고, 시냅스 후에 작동하는 중추신경계 시냅스의 형성을 유도하기 위한 필요충분한 새로운 분자로 글리피칸glypican을 규명할 수 있었다.[38]

놀랍게도 별아교세포는 시냅스 표면에 네 개의 AMPA 수용체를 모두 이동시킨 반면 Gpc4는 네 개의 수용체 중 GluR1만 표면으로 이동시켰는데, 이는 아직 밝혀지지 않은 새로운 별아교세포 신호 물질이 다른 글루타메이트 수용체를 이동시킨다는 뜻이다. 실제로 니키는 이미 자신의 연구실에서 GluR2를 시냅스 표면으로 이동시키는 별아교세포 분비 분자를 찾았다. 이러한 발견은 시냅스 형성과 기능을 조절하는 별아교세포-신경세포 상호작용이 놀라울 정도로 복잡하다는 사실을 말해준다. 별아교세포에서 분비하는 물질 중에는 아직 발견을 기다리는 시냅스 조절 분자들이 많이 있다. 실제로 우리는 지금까지 흥분성 시냅스에 집중해왔지만, 다른 연구진들은 별아교세포가 억제성 시냅스의 형성과 기능까지도 강하게 촉진한다는 것을 보여주었다.

시냅스 가지치기에서 별아교세포와 미세아교세포의 적극적인 역할 규명

발달 중인 뇌는 처음에 불필요한 다수의 시냅스를 만들고 나중에 활성 정도에 따라 약하거나 불필요하고 부적합한 시냅스를 제거하는 가지치기를 한다. 시냅스를 제거하는 메커니즘은 최근까지도 많은 부분이 의문에 싸여 있다. 이 부분은 원래 우리 실험실에서 연구하던 주제는 아니었지만, 첫 유전자 칩 실험 이후 관심을 가지게 되었다.

당시에 우리는 어떻게 별아교세포가 그렇게 강하게 시냅스 형성을 자극하는지 이해하려고 노력 중이었다. 우리는 별아교세포가 단순히 망막신경절세포에서 시냅스 유전자의 발현을 유도한다고 생각했다. 그래서 유전자 칩을 이용해 망막신경절세포가 별아교세포 조건배지에 노출되었을 때와 그렇지 않았을 때의 mRNA 발현을 비교했다(특정 유전자에 대해 mRNA가 검출되었다는 것은 그 유전자가 발현되었다는 뜻임—옮긴이). 눈에 띄게 차이가 나는 유전자는 별로 없었지만, 놀랍게도 고전보체연쇄반응classical complement cascade을 시작하는 보체complement 구성 요소 중 C1q를 이루는 세 개의 소단위를 만드는 mRNA가 모두 아주 과하게 발현된 것을 발견했다. C1q와 그밖의 보체 성분은 건강한 뇌 조직에서는 발현되지 않는다고 알려졌기 때문에 놀라웠다.

그러나 발달 중인 뇌의 세포 조직은 과거에 조사된 적이 없었다. 우리는 면역염색법을 통해 생후 1주에 중추신경계 전반에 걸쳐 발달하는 시냅스에 C1q의 면역반응성이 강하게 집중된다는 것을 발견했다. 이 시기는 시냅스가 광범위하게 제거되는 시기이고 고전보체연쇄반응은 세균, 사멸성 세포, 파편의 제거를 조절한다고 알려져 있었으므로, 우리는 곧바로 고전보체연쇄반응은 원치 않는 시냅스에 표지를 달아 미세아교세포(포식성 보체 수용체를 많이 발현함)로 하여금 포식하여 제거하게 돕는다는 가설을 내놓았다.

실험실에 합류한 베스 스티븐스Beth Stevens는 고전보체연쇄반응이 망막무릎 시냅스(망막에서 시상하부로 연결되는 시냅스—옮긴이) 정밀화 과정에서 어떤 역할을 하는지 찾아내는 실험을 진행했다. 실제로 보체 C1q와 C3가 결핍된 쥐에서는 이런 정밀화 과정의 일부가 손상되었는데, 이는 고전보체연쇄반응의 연관성을 강하게 암시한다.[39] 게다가 베스가 생후 발달 초기 과정에 미세아교세포를 이미지화했을 때, 시냅스의 부분들이 미세아교세포 안에 들어 있음을 관찰했지만, C3 또는 미세아교세포 보체 수용체가 없는 쥐에서는 이 현상이 크게 감소했다.[40] 보체에 의한 시냅스의 가지치기 현상은 성체 뇌로 이어지지는 않았다.

덧붙여 우리 연구실의 정원석 박사는 별아교세포가 시냅스 제거를 조절함으로써 망막무릎 시냅스 정밀화의 일부를 조정한다는 것을 알아냈다.[41] 원래 이 가설은 우리의 전사체 데이터셋에 의해서도 제시되었다. 이 데이터셋에 따르면 매우 놀랍게도 별아교세포가 MEGF10과 MERTK 경로를 포함한 다수의 포식작용 경로를 강하게 발현하고 있었다. 이때까지만 해도 미세아교세포가 뇌에 있는 주요 대식세포로 여겨졌다. 그러나 정원석 박사는 발달기의 뇌에서 별아교세포가 흥분성 시냅스와 억제성 시냅스의 부분들을 모두 제거하고 있지만, MEGF10과 MERTK가 없는 돌연변이 쥐에서는 이 현상이 나타나지 않는다는 사실을 밝혔다(별아교세포에 의한 포식은 C1q와 상관없이 독립적으로 일어난다). 별아교세포에 의한 포식작용은 출생 직후보다는 느린 속도로 성체가 될 때까지 계속되었다. 놀랍게도 정 박사는 전기적 활성이 별아교세포에 의한 시냅스 포식작용을 강하게 조절한다고 밝혔다. 양쪽 눈에서 망막신경절세포의 전기적 활성을 잠재웠을 때에는 외측 망막무릎에서 포식작용이 거의 일어나지 않았지만, 한쪽 눈만 잠재웠을 때는 비활성 상태의 시냅스부터 우선적으로 포식되었다.

이러한 발견들은 많은 질문을 불러일으킨다. 왜 어떤 시냅스는 잡아먹히고, 어떤 시냅스는 잡아먹히지 않는가? 왜 어떤 시냅스는 미세아교세포가 잡아먹고, 어떤 시냅스는 별아교세포가 잡아먹는가? 신경아교세포에 의존하지 않는 다른 시냅스 제거 메커니즘이 있는가? 어떻게 전기적 활성 여부가 포식작용을 제어하는가? 아마 이 중에서도 가장 흥미로운 질문은 성체의 해마와 중추신경계에서 시냅스가 활성 정도에 따라 지속해서 포식되는 이유가 무엇인가일 것이다. 과연 이러한 포식작용이 학습과 기억에 관여하는 시냅스의 구조 개조에 크게 중요할까? 우리 연구실의 로라 클라크 Laura Clarke가 현재 이 문제를 연구하고 있다. 별아교세포가 시냅스 형성 및 기능, 그리고 제거 과정을 제어하는 능력이 있다는 점을 고려하면 이 세포들은 단순히 수동적인 지지세포가 아니라 신경세포의 회로와 기능, 그리고 가소성에 있어서 결정적인 구성요소임이 확실하다.

인간 별아교세포의 이해:
인간다움의 밑바탕에 별아교세포가 있는가?

설치류에서 별아교세포가 시냅스의 발달과 기능을 강력하게 조절한다는 것을 알았으므로 우리는 사람의 별아교세포 역시 이러한 속성을 공유하는지 차츰 궁금해졌다. 다른 동물에 비해 인간의 뇌에서 인지 능력이 증진된 것은 신경회로가 진화한 덕분이지만, 별아교세포의 시냅스 관련 능력 역시 인지가 증진되는 이로운 방식으로 진화하지 않았을까?

실험실의 예 장과 스티브 슬론은 인간의 태아, 유아, 성체의 뇌에서 별아교세포를 신속하게 분리하기 위한 면역패닝 기법을 개발했고 이를 이용해 세포를 분리하여 무혈청배지에서 유지시켰다.[42] 인간의 별아교세포 역시 설치류처럼 신경세포의 생존을 촉진하고 시냅스 형성을 유도하고 시냅토솜을 잡아먹는 능력을 갖고 있었지만, 쥐의 별아교세포와는 달리 성숙한 인간 별아교세포는 세포 내 칼슘이 글루타메이트에 의해 왕성하게 반응했다. 예와 스티브는 RNA 염기서열 분석을 통해 설치류의 별아교세포와 유전자 발현 양상을 비교했고, 기능은 아직 알 수 없지만, 인간에게서만 특이적으로 발현하는 별아교세포 유전자를 찾아냈다. 또한 인간과 쥐의 별아교세포를 비교했을 때 신경세포보다 별아교세포에서 유전자 발현 정도의 차이가 더 크다는 것을 보였다.

이들의 연구는 별아교세포 분화의 구체적인 두 단계를 찾아냈다. 태아의 뇌에는 별아교세포 전구세포만 들어 있는데, 이 세포는 대단히 왕성하게 증식하고 미성숙한 별아교세포의 속성만 발현하지만, 출생 후 6~12개월 사이에 완전히 성숙한 유전자 발현 패턴을 나타내어 분화가 완료된 별아교세포로 분화했다. 별아교세포의 성숙 시기는 발생기의 인간 뇌에서 시냅스 밀도가 많이 증가하는 시기와 정확히 맞아떨어진다.

사람의 별아교세포는 시냅스 발달과 기능을 조절하는

능력에 있어서 설치류의 별아교세포와 동일하기 때문에 일부 발달 장애와 질환이 별아교세포의 능력이 결핍된 결과로 나타난다고 가정할 수 있다. 이에 우리 연구실의 스티브 슬론은 세르지우 파스카Sergiu Pasca 연구팀과 협업하여 파스카가 개발한 3D 인간피질타원체human cortcal spheroid에서 사람의 별아교세포가 생성되는지 조사했다.[43] 인간피질타원체는 만능줄기세포에서 유도된 작은 구체 형태의 세포 조직으로 인간의 대뇌 피질과 유사한 구조를 가진다. 스티브는 시험관에서 길게는 20개월까지 다양한 단계의 인간피질타원체에서 신경아교세포 계열을 분리하여 정제된 일차 인간 뇌세포와 RNA 염기서열을 직접 비교했다. 인간피질타원체에서 생성된 신경아교세포는 일차 태아 별아교세포와 대단히 유사했으며 대부분 시간이 지나면서 태아 상태에서 성숙한 별아교세포 상태로 바뀌었다. 인간피질타원체에서 생성된 별아교세포는 일차 인간 별아교세포와 매우 비슷하므로 미래에 뇌의 발달과 질병 연구에 크게 도움이 될 것이다. 스티브가 별아교세포 전구세포와 성숙한 별아교세포의 속성을 비교했더니, 둘 다 시냅스 형성을 유도하는 능력을 가졌지만 별아교세포 전구세포가 훨씬 빠른 속도로 시냅스를 포식했다. 이는 출생 후 6~12개월에 사람의 대뇌피질에서 시냅스의 밀도가 높은 것은 성숙한 별아교세포에 의해 시냅스가 형성되기 때문이 아니라 시냅스 가지치기의 속도가 많이 감소했기 때문이라는 가설을 제시한다.

별아교세포가 성숙하는 시기를 조절하는 것이 무엇인지는 아직 밝혀지지 않은 중요한 문제다. 만약 이 시기가 비정상적으로 빨리 또는 늦게 시작된다면 신경세포 회로의 형성에 돌이킬 수 없는 결과를 가져올 것이다.

미세아교세포 연구를 위한 새로운 도구의 개발

—

미세아교세포의 기능 장애가 많은 신경질환을 일으킨다는 사실이 점차 알려지고 있지만, 정작 이들의 정상적인 기능에 대해서는 알려진 바가 많지 않다. 이는 밀접한 연관이 있는 대식세포와 분리하여 식별·정제하고 유전적으로 조작할 도구가 아직 없어서 연구가 어렵기 때문이다.

우리 연구실의 마리코 호웨Mariko Howe는 쥐와 인간에서 많이 발현하는 미세아교세포 특이 표지로 막횡단 단백질 119Tmem119을 찾아냈다. 이 단백질은 기능을 알 수 없는 세포 표면 단백질이다.[44] 마리코는 Tmem119 세포 내 도메인 및 세포 외 도메인에 대한 단일클론항체를 개발하여, 건강한 뇌와 병든 뇌의 조직 절편에서 미세아교세포의 면역염색만 가능하게 하였으며(대식세포는 제외), 또한 FACS로 순수한 비활성 미세아교세포를 분리할 수 있게 되었다. 이로써 발생 과정 및 성체에서는 물론이고 면역 유발 후 쥐의 미세아교세포에 의해 발현되는 유전자의 RNA 염기서열 프로파일을 구축할 수 있었다. 분석 결과 쥐의 미세아교세포는 생후 2주까지 성숙 과정을 거쳤고, 후속 연구 대상이 될 미세아교세포의 새 기능을 제시했다. 마리코는 현재 유도가능한 TMEM119-Cre 쥐를 만들고 있는데, 성공한다면 미세아교세포를 조작하고 이들이 건강한 뇌와 아픈 뇌에서의 기능을 연구하는 귀중한 도구가 될 것이다.

미세아교세포의 연구를 어렵게 만드는 다른 제약은 무혈청배양 시스템이 없다는 사실이다. 미세아교세포를 연구할 때는 대체로 세포가 죽는 것을 막기 위해 혈청이 있는 배지를 사용해야 하는데, 혈청은 미세아교세포의 활성과 속성을 변화시킨다. 미세아교세포와 다른 대식세포를 구별하는 속성을 연구하기 위해 우리 연구실의 크리스 보흘린Chris Bohlen은 가지를 많이 뻗은 성체 미세아교세포를 건강하게 유지하는 무혈청 배양 조건을 개발했다. 별아교세포가 분비하는 CSF-1, TGF-β2, 콜레스테롤과 이 세 분자를 합쳤을 때 무혈청배지에서 미세아교세포의 생존이 강하게 촉진되었다.[45] 그러나 성숙한 미세아교세포는 분리된 후 특징적인 유전자 발현 패턴을 빠르게 잃었지만, 크리스 보흘린과 실험실의 크리스 F. 베넷Chris F. Bennett은 이를 온전한 중추신경계 환경에 접목하여 회복시킬 수 있음을 보였다. 이 결과는 성숙한 미세아교세포의 특정 유전자 발현은 온전한 중추신경계로부터 지시성 신호를 꾸준히 받아야 한다고 제시한다. 중추신경계 신호를 유도하는 미세아교세포의 성숙 과정을 규명하는 것이 현재의 중요한 목표이다.

현재 크리스 베넷은 인간의 미세아교세포를 분리해 쥐와 직접 속성을 비교할 수 있도록 인간 TMEM119 항체를 만들고 있다. 또한 인간 미세아교세포를 접목한 새로운 인간화 쥐를 만들어 질병에서 미세아교세포의 역할을 규명하도록 애쓰고 있다.

혈뇌장벽 형성 연구

리처드 데너먼Richard Daneman은 실험실에 합류하면서 당시에는 대체로 잘 알려지지 않았던 중추신경계 혈관 형성과 혈뇌장벽 형성을 조절하는 분자 메커니즘을 연구하기로 했다. 그는 여러 세포 조직에서 내피세포를 정제하고 유전자 프로파일을 만드는 방법을 개발했고, 이를 이용해 뇌 내피세포와 간 및 폐 내피세포의 유전자 발현 프로파일을 비교해 혈뇌장벽에 풍부하고 뇌 내피세포를 형성하는 전사 물질에 대한 종합적인 정보 자원을 만들었다.[46]

이러한 비교를 통해 리처드는 새로운 밀착연접 단백질, 수송체, 대사효소, 신호전달 요소, 그리고 중추신경계의 내피세포에서 많이 발현되는 알려지지 않은 전사 물질을 규명해 혈뇌장벽에 대한 추가적인 연구에 귀중한 자료를 제공했다. 리처드의 실험은 중추신경계 특이 혈관 형성에 있어서 Wnt/베타 카테닌 신호전달의 필수적인 역할을 밝혔고, 혈관과 혈뇌장벽의 형성이 부분적으로 연결되었다는 분자적 증거를 제공했다.[47] 리처드는 혈뇌장벽이 배아 발생 시기 중에서 별아교세포가 생성되기 약 일주일 전에 내피세포가 중추신경계로 침투하고 발생기의 혈관에 혈관주위세포pericyte가 이동하여 감싸는 시기에 형성됨을 밝혔다.[48] 그는 혈관주위세포가 밀착연접을 형성하고 중추신경계 내피세포에서 소포의 운반을 유도하며, 혈관 투과성과 중추신경계 면역세포 침투를 증가시키는 분자의 발현을 억제한다는 사실을 알아냈다. 따라서 혈관주위세포-내피세포의 상호작용은 발생기의 혈뇌장벽 조절에 대단히 중요하며, 중추신경계 손상과 질병으로 인해 상호작용이 붕괴하면 혈뇌장벽 기능 장애와 신경세포염증으로 이어질 수 있다.

전반적으로 리처드의 연구는 혈뇌장벽의 각 요소(밀착연접, 소포 운송, 수송체)들이 어떻게 다양한 세포-세포 상호작용과 분자 신호전달 경로에 의해 개별적으로 조절되는지 보여주었다. 드리탄 아갈리우Dritan Agalliu는 혈뇌장벽의 이미지를 촬영하여 뇌졸중이 일어났을 때 세포 간 장벽이 붕괴되면서 세포횡단 장벽의 순차적 손상과 함께 혈뇌장벽이 영향을 받는다는 것을 알아냈다.[49]

활성 별아교세포와
퇴행성 신경질환에서의 기능 이해

활성 별아교세포증가증reactive astrogliosis은 모든 중추신경계 손상과 질환에 대한 반응으로 별아교세포 표현형에 엄청난 변화가 일어난다는 특징이 있다. 그러나 활성 별아교세포reactive astrocyte가 이로운지 해로운지는 불분명하다. 활성 별아교세포 상태를 이해하기 위해 우리 연구실의 제니퍼 자매니언Jennifer Zamanian은 두 가지 쥐 뇌 손상 모델, 즉 중뇌동맥 폐쇄에 의해 유도된 허혈성 뇌졸중 모델과 면역자극제 지질다당류의 전신 투여에 의해 유도된 신경세포염증 모델에서 활성 별아교세포를 정제하고 유전자를 분석했다.

놀랍게도 활성 별아교세포의 표현형은 유도된 손상의

종류에 따라 크게 달랐다.[50] 허혈성 뇌졸중에서는 활성 별아교세포가 여러 신경영양인자와 트롬보스폰딘을 증가시켰는데, 이는 활성 별아교세포가 신경세포의 생존과 복구를 촉진하는 데 도움이 된다는 것을 시사한다. 반면에 지질다당류에 의해 유도된 활성 별아교세포는 여러 고전보체연쇄반응의 성분을 증가시켰는데, 이는 시냅스 소실을 통해 해로운 역할을 한다고 추정된다. 우리는 M1/M2 대식세포의 명명법을 따라 '나쁜' 기능과 '착한' 기능을 한다고 가정되는 두 유형의 활성 별아교세포를 각각 A1과 A2로 이름 지었다.

마이클 소프로뉴Michael Sofroniew 연구실에서는 이미 허혈성 뇌졸중에 의해 유도된 A2 활성 별아교세포의 복구 촉진 기능을 강하게 입증했다. 따라서 우리 연구실의 셰인 리들로우Shane Liddelow는 지질다당류에 의해 유도된 신경세포염증성 A1 별아교세포의 기능을 연구했다.[51] 셰인은 지질다당류 노출이나 중추신경계 손상에 의해 활성화된 미세아교세포가 인터루킨-1αIL-1α, 종양괴사인자TNF, 보체성분1qC1q를 분비함으로써 A1 별아교세포를 유도하고, 이 사이토카인cytokine들이 모두 A1 별아교세포를 유도하는 데 필요충분한 조건임을 알아냈다.

셰인은 이 세 종류의 사이토카인을 무혈청배지에 첨가해 순수한 A1 별아교세포를 배양해냈고, 이를 통해 정상적인 별아교세포의 기능을 A1 별아교세포의 기능과 직접 비교할 수 있었다. 그 결과, A1 별아교세포는 신경세포 생존, 성장, 시냅스 형성, 포식작용의 촉진 등 정상적인 별아교세포의 기능 대부분이 소실되었고, 반면에 축삭돌기와 시냅스를 포함한 신경세포와 희소돌기아교세포의 죽음을 빠르게 유도하는 신경 독소를 분비하는 기능은 추가되었음이 밝혀졌다.

A1 별아교세포는 급성 뇌 손상 이후 중추신경계에서 빠르게 유도되는데, 이는 축삭이 절단된 중추신경계 신경세포는 절단 이후에 역행성 신경영양 신호를 박탈당해 죽는 것이 아니라 A1에게 죽임을 당한다는 가능성을 제기했다. 셰인은 Il-1α, TNF, C1q에 대한 억제성 항체에 의한 손상 이후에, 또는 이 세 사이토카인이 결핍된 돌연변이 쥐에서 A1 별아교세포의 형성을 차단하여, 절단된 망막신경절세포의 죽음을 막을 수 있는지 확인함으로써 이 가능성을 테스트했다. 놀랍게도 A1 별아교세포의 형성이 차단되었을 때 망막신경절세포의 죽음을 완전히 예방할 수 있었다. 셰인은

A1 별아교세포가 알츠하이머, 헌팅턴병, 파킨슨병, 근위축성 측삭 경화증, 다발성 경화증 등 주요 퇴행성 신경질환의 퇴행 부위에 풍부하다는 것을 발견했다. 그렇다면 이들 질환에서 A1 별아교세포가 신경 퇴화를 적극적으로 이끌고 있는지도 모른다.

미래에는 A1 별아교세포의 형성을 방지하거나, A1을 휴지 상태의 정상적인 별아교세포로 되돌리거나, A1을 A2 별아교세포로 전환하거나, A1 신경 독소를 차단하는 약물을 개발한다면 신경 퇴행을 막거나 크게 줄이는 것이 가능할 것이다. 현재 실험실의 케빈 구텐플랜Kevin Guttenplan이 셰인과 함께 생화학적 방법으로 신경 독소의 후보를 정제하고 식별하고 있다.

이러한 관찰과 맞아떨어지는 우리의 모델을 설명하면 다음과 같다. 신경세포가 손상되거나 기능 장애가 오면 미세아교세포를 활성화하는 신호가 분비된다. 이것이 A1 별아교세포의 형성을 유도하고, 그다음에는 손상된 신경세포(또는 희소돌기아교세포)만 골라서 죽이는 독소가 분비된다. 우리가 관찰한 바에 따르면 A1 신경 독소는 건강한 신경세포를 죽이지 않는다. 이 모델은 손상된 신경세포만 공격해 다친 곳이 없는 근접한 신경세포가 죽는 일이 없게 한다. 따라서 오로지 손상된 신경세포만 제거함으로써 이들의 시냅스 유입이 주변의 다른 신경세포로 연결되는 것을 방지하여 회로 기능을 보존하는 데 도움이 될 것이다. 왜 신경세포와 희소돌기아교세포를 죽이는 메커니즘이 진화했는지는 확실히 알 수 없지만, A1 별아교세포의 유전자 프로파일 분석에 따르면 이들은 강력한 항바이러스 및 항균 방어 프로그램으로 기능한다. 따라서 A1 별아교세포는 애초에 감염과 싸우기 위해 진화했지만, 노화한 뇌 또는 뇌가 손상되어 유도된 A1은 해롭게 작용하는 것이다.

왜 노화한 뇌는 퇴행성 신경질환에 걸리기 쉬운 걸까? 알렉산더(알리) 스테판Alexander Stephan은 우리 실험실에 있으면서 우연히 중요한 단서를 찾았다. 우리는 고전보체연쇄반응이 발달 중인 시냅스를 표적으로 삼는다는 걸 발견했지만, 면역염색법이나 생화학 목적으로 사용할 수 있는 보체 단백질 C1q 특이 항체가 없었다. 그래서 알리는 쥐의 C1q에 대한 단일클론항체를 만들었다. 그는 이 항체가 면역염색법에 특히 잘 작용한다는 것을 알아냈다(시중에 판매 중인 다른 항체들과는 달리 새로 만든 C1q 단일클론항체는 C1q가 결핍된 쥐의 뇌를 염색하지 않음을 확인했다).

놀랍게도 쥐의 뇌가 노화하면서 시냅스의 C1q에 대한 면역반응성이 대단히 높아졌고, 시냅스 염색은 태어난 지 불과 몇 개월 됐을 때 처음 해마에서 시작해 점차 중추신경계 전체로 퍼져나갔다.[52] 그러나 생후 첫 주의 발달기에 중추신경계 시냅스에서 일어나는 현상과는 달리 고전보체연쇄반응은 정상적으로 노화하는 뇌에서는 활성화되지 않았고 시냅스가 소실된다는 증거도 없었다. 알리는 C1q로 코딩된 늙은 시냅스가 미세아교세포에 의해 잡아먹히지는 않았지만 기능적으로는 모두 문제가 있다는 걸 알아냈다. 정상적인 쥐 및 인간의 노화된 뇌에서 이러한 시냅스 C1q 축적 정도는 놀라웠다. 왜냐하면 웨스턴 블롯에 따르면 C1q 단백질이 노화하면서 약 100배나 증가했기 때문이다.

알리의 발견으로 왜 노화와 함께 시냅스의 C1q가 증가하는지를 묻게 되었다. C1q는 렉틴 유사 단백질로 보통 파편이나 죽어가는 세포, 외부 물질에 들러붙기 때문에, 정상적으로 뇌가 노화하는 동안 기하급수적으로 쌓이는 '노화' 시냅스에도 붙을 거라는 흥미로운 가설이 있다. 시냅스가 노화하는 이유는 순환 속도가 느려지기 때문일지도 모른다. 실제로 우리는 별아교세포에 의한 시냅스 포식 속도가 노화와 함께 감소한다는 것을 발견했다.[53] 게다가 정원석 박사는 별아교세포에 의한 시냅스 포식작용의 속도가 인간의 아포지질단백질 E4ApoE4 배경하에서 아포지질단백질 E2(아포지질단백질 E3는 중간임)와 비교했을 때 생체와 시험관에서 5배 느려졌다는 것을 밝혔다.[54] 덧붙여 정 박사는 인간 아포지질단백질 E4를 발현하는 형질전환 생쥐가 아포지질단백질 E2 쥐보다 C1q를 훨씬 빨리 축적한다는 것도 보였다. 그의 연구는 노화하면서 시냅스 C1q가 축적되는 것은 별아교세포에 의한 시냅스 순환 속도가 느려지고 노화 시냅스는 빠르게 축적된 결과라는 생각에 힘을 실어준다. 언젠가 노화된 별아교세포가 시냅스를 건강하게 순환시키도록 자극하는 약물이 개발된다면 노화에 따른 정상적인 인지 장애를 막을 수 있을 것이다.

이러한 결과를 모두 종합하면, 노화하는 뇌가 알츠하이머를 비롯한 신경퇴행성 질환에 취약해지는 이유는 시냅스 C1q 수치가 급격히 증가하면서 고전보체연쇄반응을 활성화하고 원치 않는 시냅스 소실로 이어지는 '2차 손상'의 위험에 처하게 되기 때문이라고 부분적으로 설명될 수 있다. 그렇다면, 정상적으로 발달하는 시냅스 제거 메커니즘이 성인의 뇌에서 비정상적으로 작동되어 진행성 시냅스 신경퇴화를 유발한다는 것인가?

이 가설은 시냅스 퇴화가 주요 특징인 알츠하이머를 포함해 다양한 인간 신경퇴행성 질환에서 강한 보체 활성이 일어난다는 많은 연구 결과가 있고, 우리는 고전보체연쇄반응이 발달 중인 시냅스를 표적으로 삼는다는 것을 발견했으므로 충분히 그럴듯하다. 게다가 우리의 RNA 염기서열 분석 연구에 따르면 신경세포에서는 몸의 대부분 다른 세포에서 발현되는 다수의 보체 억제 단백질이 많이 발현되지 않았다. 우리는 사이먼 존Simon John의 연구팀과 협업하여 생쥐 녹내장 모델인 DBA2J의 연구를 통해 이 가설을 확인하기 시작했다.[55]

이 모델에서는 생후 거의 1년이 될 때까지 망막신경절세포가 죽지는 않지만, 생후 2~3개월부터 망막의 내망상층에 위치한 망막신경절세포 시냅스에 C1q가 대단히 많이 발현되었고, 망막신경절세포의 죽음보다 훨씬 앞서 생후 4개월 무렵에 뚜렷한 시냅스 신경퇴화가 동반되었다. C1q가 없는 돌연변이 쥐는 망막신경절세포의 죽음과 시신경 퇴화로부터 아주 강력하게 보호받았다.[56] 이와 비슷하게, 여러 다른 연구팀과의 협업을 통해 우리는 알츠하이머,[57] 전측두엽 치매, 척수근위축증[58]을 포함한 많은 다른 신경퇴행성 질환 생쥐 모델에서 아주 초기 병적 이상의 증상으로서 시냅스가 보체 발현에 의한 퇴화를 보임을 발견했다. 녹내장 모델에서처럼 이 모든 모델에서 C1q 억제 또는 결핍은 강한 신경보호작용을 나타냈다.

어떤 2차 손상이 고전보체연쇄반응을 활성화하여 시냅스 신경퇴화를 유발할까? 가장 가능성 있는 유발체는 A1 별아교세포이다. 왜냐하면 우리의 RNA 염기서열 분석 결과에 따르면 보체 C1r, C1s, C4, C2, C3를 포함하는 고전보체연쇄반응 단백질을 만드는 유전자가 A1 별아교세포 중에서도 가장 많이 발현되며, 이들이 고전보체연쇄반응을 자극하기 때문이다(C1q mRNA와 단백질은 정상적인 뇌세포에서도 미세아교세포에서 많이 존재한다). 덧붙여 아밀로이드 베타 중합체는 고전보체연쇄반응의 강한 활성체이다. A1 별아교세포는 급성 및 만성 신경 손상뿐만 아니라 급성 및 만성 세균 감염에 의해 정상적으로 생산되는 지질다당류와 같은 면역자극제에 의해서도 생겨난다. 낮은 수준의 A1 별아교세포 형

성은 정상적인 뇌 노화 과정에도 일어난다.[59]

우리는 알츠하이머를 비롯한 주요 신경퇴행성 질환에 지배적인 활성 별아교세포는 A1이라는 것을 밝혔다. 따라서 이들 질환에서 고전보체연쇄반응과 미세아교세포에 의한 시냅스 소실을 일으키는 충분한 보체가 존재한다고 생각한다. A1에 의해 방출되는 신경독소는 그 자체로 보체 성분은 아니더라도 추가적으로 신경퇴행을 일으킬 것이다. 따라서 고전보체연쇄반응과 A1 별아교세포(그리고 A1이 분비하는 신경독소)는 신경퇴행성 질환에서 효과를 테스트할 중요한 새로운 치료 표적이 될 것이다. 비록 패혈성뇌증과 간성뇌증에는 신경퇴행이 연관되지 않지만, A1 별아교세포와 뇌병증의 연관성은 미래의 중요한 연구 주제가 될 것이다.

생명공학 회사 설립

고전보체연쇄반응이 알츠하이머를 비롯한 여러 신경질환의 새롭고 흥미로운 치료 표적이라는 것을 깨닫게 된 후, 2006년 무렵부터 나는 주요 제약회사들과 이 연쇄반응을 억제하는 약물 제작에 관해 얘기하기 시작했다. 그러나 수년간 저항의 벽에 부딪혔다.

어떤 사람들은 너무 어렵다고 생각했고, 또 어떤 사람들은 부작용이 있을 거라고 말했다. C1q가 결핍된 쥐와 사람 중에 루푸스에 걸린 사례가 있지만, 대부분 가벼운 부작용이었고 급성 C1q 결핍이 성인(성체)에서 루푸스를 일으켰다는 증거는 없었고 지금도 없다. 어떤 경우든 루푸스는 대단히 흔한 약물 부작용으로 필요하다면 약물 휴지기를 통해 관리할 수 있다. 내게 C1q와 C1s는 최선의 억제 표적으로 보였다. 왜냐하면 세 가지 보체 활성 경로 중에 고전 경로만 차단되고 나머지 두 경로와 면역 기능은 온전하게 남아 있을 것이기 때문이다.

몇 년이 지나고 나는 치료약을 만들기 위해서는 좀 더 적극적으로 나서야 한다는 걸 깨달았다. 나는 친구인 아논 로젠탈Arnon Rosenthal과 보체 억제제를 개발할 새로운 생명공학 회사의 설립에 관해 의논했다. 아논은 제넨텍사에서 오랫동안 성공적인 신경과학자로 근무했고, 리나트 뉴로사이언스 코퍼레이션의 창립자이자 최고과학책임자로 있다가 최근에 리나트를 제약회사 화이자에 팔았다. 나는 리나트의 과학자문위원회에 있으면서 아논과 알게 되었고, 그가 이룬 일들에 감동받았다. 리나트를 이끌면서 불과 6년 만에 아논은 신경병증성통증 치료를 위해 신경성장인자, 알츠하이머 치료를 위해 베타 아밀로이드, 편두통 치료를 위해 칼시토닌유전자관련펩타이드CGRP, LDL 콜레스테롤 감소를 위해 PCSK9 등을 억제하는 단일클론항체 치료법을 만들었다.

2011년에 우리는 애넥슨 바이오사이언스를 공동 창립

하기로 하고 피델리티 바이오벤처로부터 50만 달러의 초기 자본금을 얻었다. 아논은 다시 한번 자신의 주도하에 쥐와 인간의 C1q를 강하게 억제하는 단일클론항체를 만드는 데 성공했는데, 이는 질병의 쥐 모델에서 효능을 연구하는 데 대단히 유용했다. 나중에 우리는 테드 예드녹Ted Yednock을 애넥슨의 최고과학책임자로 영입해 함께 일하는 행운을 누렸다. 테드는 전직 엘란 제약회사의 최고과학책임자이자 다발성 경화증에 대한 블록버스터 신약인 티사브리Tysabri의 개발자로 신경과학과 면역학 두 분야에서 모두 엄청난 전문지식을 갖고 있었다. 테드와 최고경영자 더그 러브Doug Love의 리더십 아래 우리는 각각 3400만 달러와 4400만 달러의 시리즈 A와 B 벤처캐피탈 투자를 받는 데 성공했다.

이 정도의 기금을 모으기까지 몇 년 동안 상당한 시간을 들여야 했지만, 마침내 우리의 노력이 순탄하게 앞으로 나아가는 것을 보니 매우 기뻤다. 우리의 C1q 항체는 지금까지 시신경척수염, 길랑-바레 증후군, 척수근육위축을 포함한 신경질환을 나타내는 다수의 쥐 모델에서 인상적인 효능을 보이고 있다.[60]

지금까지 쥐와 영장류를 대상으로 항체 시험을 마쳤고 현재는 지원자를 대상으로 안전성을 시험하고 있으며, 2017년에 첫 임상시험에 들어가길 희망한다. 일차적으로 길랑-바레 증후군과 녹내장을 대상으로 시험하지만, 최종적으로는 알츠하이머, 전측두엽 치매, 헌팅턴병을 포함한 주요 신경퇴행성 질환을 대상으로 시험할 목표를 세우고 있다.

3장

옹호

젊은 과학자들을 지도한다는 것

내 평생 이렇게 많은 젊은 과학자를 지도할 수 있었다는 것은 대단히 큰 특권이었다(부록의 바레스 연구실 사람들 참조). 스탠퍼드에서 처음 연구실을 시작할 때만 해도 이것이 내 직업에서 가장 보람된 부분이 될 줄은 미처 몰랐다. 그렇다고 연구와 발견의 과정이 짜릿하지 않았다는 게 아니다. 실제로 그랬으니까. 하지만 젊은이들이 배우고 발전하여 독립적인 과학자가 되는 과정을 지켜보고, 또 그 안에서 작은 안내자 역할을 하는 건 굉장히 신나고 즐거웠다. 사실 과학적 발견과 선생으로서의 지도 과정은 완벽하게 맞물린다.

스탠퍼드 같은 최고 대학의 연구실에서 연구 책임자인

교수는 실험을 하는 사람도, 심지어 아이디어를 내는 사람도 아니다(어쩌다 내 제안이 달리는 버스 밑으로 곧장 내동댕이쳐지지만 않아도 운이 좋다고 느낄 정도니). 솔직히 말해서 난 내 대학원생들이나 박사 후 연구원들이 나보다 훨씬 재능 있다고 생각한다. 예전에 내 지도 방식에 대해 글을 쓴 적이 있으므로[1] 여기에서 반복하지는 않겠다. 나는 언제나 박사 과정과 박사 후 연구원 시절에 데이비드와 마틴처럼 훌륭한 본보기가 되는 지도교수를 만났다는 것에 늘 감사하고 또 행운이라고 생각한다.

나는 학생을 지도할 때 내 지도교수들의 방식을 따르려고 애를 썼지만 가끔 그 근처에도 가지 못한다고 느낄 때가 많다. 내 지도교수들이 그랬듯이 나도 되도록 손을 떼고 학생들이 가능한 한 독립적으로 나아가게 두는 편이다. 그러나 새로운 멤버가 들어오면 일단 출발점을 제시한다. 내 제안은 받아들여지는 적도 있고 그렇지 않을 때도 있다. 어떤 경우든 이 시작점은 이내 새로운 것으로 진화하고 대개는 이들이 더 나은 방향을 생각해내곤 한다. 신경세포-신경아교세포 상호작용에 관해 연구하는 한, 이 방법은 일반적인 연구실 분위기와 잘 맞았다.

우리 연구실에서 신경아교세포를 전혀 다루지 않은 사람이 딱 한 명 있었는데, 박사 후 연구원으로 들어온 앤디 후버먼이었다. 앤디는 처음부터 완전히 독립적이었다. 나는 내가 대학원생 때 지도교수인 데이비드의 주요 연구과제였던 유모세포에 관해 연구하지 않았던 것에 대한 죄책감을 덜어내는 일종의 '선행 나누기'로 앤디를 생각한다. 그런 그가 지금 스탠퍼드 부교수로 내 옆 실험실에서 일하고 있으니 얼마나 좋은가!

앞에서도 말했지만, 나는 전반적으로 젊은 과학자를 지도하는 데는 폭넓은 관용의 미덕이 필요하다고 생각한다.[2] 학계의 선두 자리를 지키면서 연구비가 떨어지지 않게 유지한다는 건 대단히 어렵다. 그러나 동시에 학생과 연구원들에게 관대할 수 있다는 건 훨씬 더 어려운 일이다. 그래서 내게는 훌륭한 과학자이면서 또 위대한 멘토였던 과학자들이 진정한 영웅이다. 내가 생각하는 영웅에는 내 멘토였던 데이비드 코리와 마틴 래프는 물론이고, 스티븐 쿠플러Stephen Kuffler, 시모어 벤저Seymour Benzer, 코리 굿맨Corey Goodman, 릴리 얀Lily Jan, 여눙 얀Yuh Nung Jan, 마크 테시어-라빈Marc Tessier-Lavigne, 로버트 호비츠Robert Horvitz, 데이비드 볼티모어David Baltimore, 루이스 레이차트Louis Reichardt, 솔로몬 스나이더Solomon Snyder, 마이크 그린버그Mike Greenberg, 빌 뉴솜Bill Newsome, 리처드 악셀Richard Axel, 코리 버만Cori Bargmann, 척 스티븐스Chuck Stevens가 있다(물론 훨씬 더 많은 사람들이 있다).

젊은 과학자들에게
인체생물학과 질환을 가르친다는 것

질병에 관심이 있었던 나는 내 연구실을 시작하기 전까지 비정상적으로 긴 훈련 기간을 가졌다. 학부를 졸업하고, 의학대학원에서 3년(대개 4년이지만 다트머스는 한때 3년짜리 프로그램을 운영한 적이 있다), 인턴과 레지던트 4년, 대학원 7년, 박사 후 과정 3년이라는 훈련 과정을 거쳤다. 무려 17년(학부까지 치면 21년)이라는, 저임금과 고된 노동의 시간을 보냈다. 하지만 다시 하라고 해도 난 할 것이다. 모든 순간이 소중했기 때문이다.

신경질환 분야에서 받은 훈련은 신경아교세포와 그 역할에 관한 평생의 연구를 이끌었다. 그러나 질병을 연구하고 싶어 하는 모든 젊은 과학자들에게 17년의 훈련을 요구하기에는 무리가 있다. 그렇다면 더 나은 방법이 있을까? 나는 우리 사회가 이 문제를 좀 더 깊이 생각해야 한다고 생각한다. 국립보건원이 재정을 지원하는 의과학MD-PhD 과정은 오랫동안 의사과학자가 탄생하는 주된 방법이었다. 나는 의과학 과정 학생들이 대학원 과정으로 내 연구실에서 일하는 걸 좋아한다. 일반적인 신경과학 박사 과정 학생들이 하지 못하는 방식으로 질병에 집중하는 의미 있는 연구를 수행할 수 있기 때문이다.

그러나 의과학 훈련 과정에는 심각한 문제가 있다. 이 학생들 대부분이 의과학 박사 과정과 전공의 과정(그리고 임상 연구원)을 끝낼 무렵이면, 내가 그랬듯이, 성공적인 의사이자 과학자로 동시에 활동하기가 너무 어렵기 때문이다. 분명 잘 해내는 사람들도 있다. 그러나 대부분은 그렇지 못하다. 전국적으로 의사 과학자 출신 중 불과 30퍼센트만이 연구를 지속하고 그나마도 박사 과정 기간을 단축하거나 박사 후 연구원 과정을 건너뛰는(또는 기껏해야 단기간의 연구원 생활을 하는) 경우가 대부분이다. 따라서 이들이 국립보건원 연구비를 두고 경쟁하거나 최고 수준의 연구를 수행하기는 굉장히 어렵다.

그러므로 20~30년 전과 마찬가지로, 기초과학 분야에서의 연구 결과를 적용해 새로운 질병 치료법을 개발하기까지 엄청난 시간이 걸린다. 지금까지 훌륭한 과학자들이 손을 대보지 못한 질환이 많이 있다. 간성뇌증이 한 예이다. 간이 기능하지 않으면 뇌도 기능하지 않는다. 왜 그럴까? 누구도 답을 알지 못한다. 그런데도 아주 소수의, 그것도 솔직히 말해 변변찮은 연구실들에서 이 문제를 연구 중이다.

다른 예도 셀 수 없이 많다. 내가 25년 전 스탠퍼드에서 처음 연구실을 시작했을 때, 질병을 연구하는 것은 이류들이나 하는 일쯤으로 여겨졌다. 하지만 세상은 변했다. 적어도 절반의 대학원생들이 질병 연구에 강한 관심을 표현하고, 최근의 과학 기술 진보를 감안하면 인체생물학과 질환을 주제로 최고 수준의 연구를 수행할 수 있다. 안타깝게도 우리는 대부분의 대학원생들에게 인간의 질병에 대해서 가르치지 않거나 한두 과목에서 피상적으로만 훑을 뿐이다.

이런 문제를 바로잡으려는 시도에서 13년 전 나는 스탠퍼드에 의학석사MOM 프로그램을 도입해 박사 과정으로 들어오는 학생들에게 인체생물학과 질환에 대해 집중적으로 가르쳤다. 실질적으로는 1980년대에 내가 당시 대학원생이었을 때 하버드 의학대학원에서 박사 과정 학생들을 위해 약 6년 동안 운영했던 마키 재단 프로그램Markey Foundation program을 다시 시작한 것에 불과하다.

마키 프로그램에서와 같이 의학석사 프로그램에 들어오는 박사 과정 학생들은 1년 동안 일반적인 박사 과정 수업을 미루고 첫 1년 반을 의학대학원 학생들과 기본적인 생물의학 수업을 듣는다. 생물의학 수업에는 해부학, 조직학, 생리학, 병리학이 포함된다. 간단히 말해 의학석사 학생들은 인체생물학과 질환에 대해 단기간에 집중적으로 지식을 쌓기 위해 약 1년의 추가 훈련 기간을 갖게 된다. 우리는 1년에 약 다섯 명의 의학석사 학생을 받는다(학생 수는 재정에 따라 달라지며 보통 지원자는 매해 정원보다 몇 배 더 많다). 나는 의학석사 훈련이 이 과정을 듣는 박사 과정 학생들의 교육 수준을 완전히 바꾸어놓는 것을 보았다. 비단 질병에 대한 관심을 강화할 뿐 아니라 진지하게 질병 연구에 임할 수 있게 했다. 이 과정을 마친 후 거의 대부분의 학생이 박사 과정 논문을 쓸 연구실을 변경했다.

그러나 이걸로는 충분하지 않다. 아직 학생 수도 충분

하지 않고 대부분의 학교들이 의학석사 과정을 운영하지 않는다. 게다가 의학석사 과정의 강의들은 박사 과정 학생들을 위해 만들어진 것이 아니다. 우리는 이를 바꾸어야 한다. 칸 아카데미(인터넷 무료 교육 사이트—옮긴이)처럼 젊은 과학자들이 인체생물학과 질환에 관해 원하는 모든 과목을 자유롭게 배울 수 있도록 높은 수준의 의학석사 강의가 마련되기를 바란다. 더 나아가 이 웹사이트에 의사들이 젊은 과학자들에게 자신의 관점에서 아직 밝혀지지 않은 중요한 문제와 의학적 필요 사항에 대해 이야기하는 페이지를 마련해도 좋을 것이다. 그곳에서의 논의는 새로운 연구와 발전을 자극할 수 있을 것이다. 어쩌면 하워드휴스의학연구소나 챈 저커버그 이니셔티브 같은 의료재단이 시작을 도와줄지도 모르겠다.

나는 거의 35년 전에 신경학 훈련 과정을 마쳤다. 그때 이후로 뇌졸중(혈전 용해제를 제외한), 신경퇴행성 질환, 교아종과 같은 질병에 대한 새롭고도 실질적인 치료법은 아직 나오지 않았다. 다발성 경화증에 대해서는 위험성이 높은 새로운 면역억제제가 있지만 여전히 재수초화를 촉진할 약물이 필요한 상황이다. 진전은 빙하의 움직임처럼 느리다.

지금까지 뇌졸중이나 알츠하이머처럼 흔한 신경질환을 치료하는 데 들어간 노력을 돌아보면 상황은 대단히 비관적이다. 뇌졸중 치료를 목적으로 "흥분성 독소에 의한 신경세포의 죽음을 막기 위한" 거의 모든 버전의 임상시험이 천 번 이상 시도되었지만 실패했다. 그리고 이와 비슷하게 알츠하이머 치료법으로 가장 잘 알려진 가설은 베타 아밀로이드의 수치를 낮추는 것인데 여기에 초점을 둔 많은 시도가 대체로 실패했다.

뭔가 잘못됐다. 과학에서는 일반적으로 누군가 하나의 가설이 틀렸음이 입증되면 다른 가설로 옮겨간다. 왜 이런 과정이 신경질환의 이해와 치료 연구에는 일어나지 않는 것인가? 이러한 문제 해결에 참여할 새로운(그리고 더 나은) 과학자들이 절실히 필요하다.

이공계에서 여성을 돕는다는 것

어렸을 때 나는 과학자의 길을 걸으며 내가 여자인 것이 방해가 되리라고는 미처 생각하지 못했다. MIT를 비롯한 모든 곳에서 학계는 실력주의라고 들어왔고 나 역시 이를 한 번도 의심하지 않았다. 심지어 MIT에는 학교가 설립된 초창기부터 여성을 받아들인 과정을 설명하는 게시판까지 있었다. 단, 1970년대까지 어쩌다 그것도 아주 소수만 허용했다는 말을 빼고. 남자친구가 대신 문제를 풀어주었다고 컴퓨터과학 시험에서 부정행위를 한 것으로 의심받았을 때조차 그것이 성차별이라는 생각을 하기까지 몇 년이 더 걸렸다.

나는 오늘날 젊은 여성들에게서 실력주의의 환상에 대한 똑같은 믿음을 본다. 여자라는 사실이 장벽이 될 수 있다고 느끼게 되는 것은 일반적으로 직장에서 적당한 경력을 쌓은 시점에서 자신보다 못한 남성이 승진하거나 중요한 직책을 맡았을 때뿐이다. 스탠퍼드에서 중간 레벨의 나이 든 여성 교수들을 보면, 나는 이들이 대부분의 남성 교수와 같은 정도로 성공적인 성장을 한다고 생각하지 않는다. 모두 장벽을 인식하고 분개한다(스탠퍼드에서 실시한 설문조사에서 한 여성은 "내가 직장에 나타나지 않아도 아무도 알아차리지 못할 것이다"라고까지 표현했다).

크게 성공한 극소수의 여성들 또한 예외 없이 여성을 가로막는 장벽의 존재를 부인하는 경향이 있다. 많은 젊은 여성들이 오래 전에 전투가 성공적으로 끝났다고 믿고 싶어 하지만, 그렇지 않다는 증거는 너무 많다. 예를 들어 소크연구소의 중견 여성 과학자 네 명 중 세 명이 남성 동료가 누리는 공간과 재원이 이들에게는 조직적으로 거부되었다는 이유로 소송 중이다. 이는 거의 20년 전에 낸시 홉킨스가 MIT에서 일으킨 싸움을 연상케 한다.

내가 보기에 일반적으로 학계의 대부분 남자 동료들은

선의를 갖고 있으며 남성과 여성 모두 과학계는 오직 실력으로 평가받는 곳이라고 강하게 믿는다. 이들은 여성이 지속적으로 맞닥뜨리는 많은 장애물을 직접 겪은 적이 없으므로 이를 인식하지 못한다. 샹카르 베단탐Shankar Vedantam의 『감춰진 뇌*The Hidden Brain*』(2009)는 성별에 따른 장벽이 실제로 존재한다는 걸 남성들이 받아들이기 어려운 이유를 설득력 있게 설명해준다. 베단탐은 바다에서 밀물과 썰물이 있는지 모르는 상태로 수영했던 경험을 예로 들었다. 그는 처음에 바다로 나아갈 때는 자신이 더 강하고 자신감 있다고 느꼈다. 그러나 막상 해변으로 다시 헤엄쳐 돌아오려고 할 때 그제야 조류가 막고 있다는 사실을 깨달았고 이내 자신감이 사라지면서 돌아오기 힘들어졌다고 했다.

내가 마침내 이 장벽을 완전히 인식하게 된 것은 마흔 살 무렵 성을 바꾸고 나서 남자라서 유리한 삶을 경험한 다음이었다. 나는 「성별이 문제가 되는가?」라는 제목의 에세이에서 이러한 경험들을 적었다.[3] 여기에서 반복해서 말하진 않겠지만, 트랜스젠더 동료인 조안 러프가든Joan Roughgarden이 인상적으로 요약한 바를 인용하자면, "사실이 아님이 증명될 때까지 여성은 무능하다고, 반면에 남성은 유능하다고 여겨진다."

남녀를 막론하고 모든 트랜스젠더들은 사회가 단지 성별 때문에 사람을 다르게 취급하는 것에 대한 분노를 공유한다. 성전환을 시도한 지 얼마 안 된 사람들과 이야기를 나눈 한 상담가는 남성에서 여성으로 성전환한 사람들에게 그들의 사회적 지위가 갑작스럽게, 또 대단히 낮아진 이유가 트랜스젠더라서가 아니라 이제 여자가 되었기 때문이라는 사실을 이해시키는 일이 가장 어렵다고 말했다.

같은 사람인데도 여성일 때와 남성일 때 다르게 대우받았던 경험을 직접 겪었기 때문에, 래리 서머스가 하버드 총장이었을 당시 하버드 이공계에서 여성이 종신직을 받지 못하는 이유는 여성이 날 때부터 남성보다 능력이 부족하기 때문이라고 말했을 때 마음 깊은 곳에서부터 분노가 일었다.

내 에세이 「성별이 문제가 되는가?」는 내가 그의 견해에 동의하지 않는 상세한 이유이자, 더 중요하게는 그의 견해에 반하는 설득력 있는 과학적 증거를 제시한 글로, 2006년에 『네이처』에 발표되었다. 내용을 정리하자면 다음과 같다. 인지 능력에 있어서 남녀 간에 타고난 유의미한 차이가 있다는 주장을 뒷받침할 만한 증거는 어디에도 없다. 오히려 심각한 수준의 성별 편견이 존재한다는 증거가 넘쳐난다. 남성과 여성 모두 종종 성별에 근거한 편견이 있다는 사실을 부인한다. 우리 모두에게는 세상이 공평하다고 믿고 싶은 강한 욕망이 있다. 교수가 학생에게 인종이나 성별에 근거해 열등하게 태어났다고 말하는 것은 절대 넘어서는 안 되는 선을 넘는 행위이다. 여기서의 선이란, 언론의 자유와 언어 폭력을 나누는 선을 말한다. 여성의 능력이 존중되지 않는 문화에서 여성은 결코 제대로 성취감을 느끼며 배우고 발전하고 앞장서고 사회에 참여할 수가 없다.

나는 이 글에 대한 반응을 보고 정말 놀랐다. 전 세계 대부분의 주요 신문에서 기사로 내보냈고, 수백 군데의 TV와 라디오 방송국에서 인터뷰를 요청했다. 나는 이 주제로 여덟 군데에서 책을 내라는 제안을, 수백 건의 강연 초청을 받았다(지금까지도 받고 있다). 나는 이 주제에 관해 하버드 대학교에서 '과학계에서 여성이 부족한 까닭Reflections on the Dearth of Women in Science'이라는 제목으로 딱 한 번 강연했는데, 인터넷에 올려 누구라도 볼 수 있게 한다는 조건을 내걸었다(동영상은 유튜브에서, 파워포인트 슬라이드는 각 슬라이드 아래에 참고문헌이 적힌 주와 함께 http://www.memdir.org/video/

ben-barres-dearth-of-women-in-science.html에서 볼 수 있다). 반드시 동영상을 보거나 슬라이드를 꼼꼼히 읽어보기 바란다(원서에 언급된 링크는 깨져 있는데, http://slideplayer.com/slide/14054128로 가면 동일한 슬라이드를 볼 수 있다.—옮긴이).

내 『네이처』 논평[4]에 대한 반응으로, 나는 3000통이 넘는 이메일을 받았는데, 대부분 여성들이 자신의 경력에 걸림돌이 된 끔찍한 성차별(그리고 남자 교수에 의한 심각한 성희롱 사례까지) 경험을 이야기했다. 나에게 특히 큰 충격을 준 두 이메일을 소개하겠다. 첫 번째는 여성이 평생에 걸쳐 경험한 상대적 무시에 대해 아주 잘 묘사했다. 그것은 여성들이 일반적으로 경험하는 것임에도 남성들은 깨닫지 못하는 종류의 무시를 말한다.

친애하는 벤에게,

당신의 경험을 공유하고 또 이렇게 나서주셔서 정말 고맙다는 말씀을 드리고 싶었습니다… 저는 하버드 대학교 학생입니다. 제게는 시인 아드리엔 리치(Adrienne Rich)와 함께했던 학회에 대한 기억이 강렬하게 남아 있습니다. 저는 충격 속에 학회를 마쳤습니다. 한 인간으로서 진정으로 진지하게 받아들여진 것이 이번이 처음이라는 것을 깨달았기 때문입니다.

줄리

다른 이메일은 안타깝게도 2013년에 백혈병으로 세상을 떠난 나리니 앰배디Nalini Ambady 박사로부터 온 것이다. 이렇게 이메일을 공유하는 것을 그녀도 개의치 않으리라 생각한다.

친애하는 바레스 박사,

『네이처』에 실린 당신의 사려 깊은 글을 아주 재미있게 읽었습니다. 우리 연구실에서 발표한 논문 중 사회문화적 고정관념이 성인과 아동(불과 다섯 살의 나이에도 말입니다!)의 행동과 수행 능력에 영향을 미친다는 것을 명확히 보여주는 몇 편을 첨부했습니다. 재밌게도 저는 2002년, 서머스 총장 이전에 종신직을 받은 최초의 사례 중 하나입니다. 서머스는 심리학과에서 보낸 긍정적인 추천서를 배제했습니다. 물론 그가 악명 높은 발언을 하기 훨씬 전이자, 그가 총장직 첫 해에 종신직 심사에서 여성을 불균형적으로 배제했다는 것이 드러나기 전의 일입니다.

당신이 긍정적인 피드백만 받기를 진심으로 바랍니다… 또한 당신의 이야기가 모두에게 진지하게 받아들여지길 바랍니다. 그럴 가치가 있으니까요.

고마움을 담아,

나리니 앰배디, PhD

터프츠 대학교 심리학과 교수

앰배디 박사는 세상을 떠나기 전에 하버드, 터프츠, 그리고 마지막으로 스탠퍼드에서 비언어적 행동과 사회적 영향에 관한 대단히 영향력 있는 연구를 수행한 사회심리학자로 많은 상을 수상했지만 분명 래리 서머스는 그 중요성을 제대로 인지하지 못했다.

10년 후, 구글사 엔지니어 제임스 다모어James Damore가

구글에 여성 엔지니어가 소수인 이유는 남녀의 타고난 차이 때문이라는 요지의 글을 써서 회사에 돌렸을 때, 난 우리가 매우 비슷한 역사의 챕터를 반복하고 있다는 걸 깨닫고 놀랐다. 다모어의 주장은 서머스의 견해와 마찬가지로 진화심리학의 대단히 의심스러운 주장들에 크게 의존하고 있으며, 이는 대체로 하버드 대학교 교수인 스티븐 핑커Steven Pinker와의 대화에 기반했다.

이들—래리 서머스, 스티븐 핑커, 제임스 다모어는 물론이고 역사상 같은 주장을 해온 대단히 성공한 백인 남성들—은 모두 남성이 여성보다 날 때부터 이공계에 더 적합한 게 사실이지만, 남성만큼 또는 그보다 나은 실력을 갖춘 소수의 여성들은 얼마든지 개인적으로 능력을 발휘할 수 있다고 강하게 믿는다. 그러나 개인의 실력은 부정적인 고정관념이 만연한 환경에서는 제대로 인지될 수도 없고, 인지되지도 않는다는 사실을 이들은 완전히 간과하고 있다.

이 결론은 많은 연구에서 보여준, 동일한 이력서를 제출했을 때 여성보다는 남성이 고용되는 예로 강하게 뒷받침된다. 게다가 내 에세이에서도 살펴봤지만[5], 부정적인 고정관념은 여성의 포부와 성취에 대단히 해롭다. 낸시 홉킨스가 마지막에 결론지었던 것처럼 여성 과학자는 학문적으로 대단히 성공하더라도 여성의 연구 업적은 같은 연구가 남성에 의해 이루어졌을 때보다 가치를 덜 인정받는다.[6]

모두가 말콤 글래드웰의 저서 『블링크Blink』(2005)의 마지막 챕터를 읽어야 한다. 그는 유명 교향악단들이 마침내 오디션을 성별 블라인드로 치렀을 때 일어난 일들을 적었다. 여전히 남성 지휘자들은 합격한 여성들이 자격이 없다는 믿음을 고집했고, 가장 슬픈 것은 여성들이 교향악단에서 많은 자리를 차지하자 남성들은 그 교향악단의 일원이 되는 것을 명예롭게 생각하지 않았고 연봉이 낮아졌다는 사실이다.

현재 성별에 관련된 고정관념이 여성의 경력을 가로막는다는 증거는 차고 넘친다. 그리고 나는 성공한 백인 남성들이 (성공을 보장하는 특혜를 누려온 것은 생각하지 못하고) 여성은 날 때부터 열등하다는 비과학적인 주장을 하는 것에 아주 질려버렸다. 이러한 부정적 고정관념이 만연한 현실에서 우리는 남녀를 불문하고 모두 좀 더 다양하고 협력적인 환경을 만들기 위해 계속해서 열심히 노력해야 한다.

여기에서는 여성에 초점을 맞추었지만, 라틴계 또는 아프리카계 미국인을 포함한 많은 소수 집단들이 상당한 편견과 장벽에 부딪힌다. 모든 선의에도 불구하고 스탠퍼드나 그 외의 대학에서 요직에 있는 아시아인들을 거의 볼 수 없다는 점 또한 불편하다. 미국 과학아카데미 회원 명단만 봐도 아시아인들은 자격과 상관없이 극히 소수만 선출된다는 것을 알 수 있다. 우리 모두는 더욱더 분발해야 한다.

정년보장이란 것이 있는데도 많은 교수들이 목소리를 내고 진보를 요구하지 않는다는 사실에 새삼 놀란다. 세상에는 낸시 홉킨스 같은 사람이 더 많이 필요하다. 낸시의 용기와 그녀가 MIT를 비롯한 여러 곳에서 여성을 돕기 위해 일으킨 싸움은 훌륭한 본보기가 된다. 분명 그녀 자신은 엄청난 개인적 희생을 감수했을 것이다. 흔히 말하듯, 지도자란 타인을 돕기 위해 안전지대를 벗어나는 사람이다. 낸시만큼이 정의에 잘 들어맞는 사람도 없을 것이다.

중요한 직책에 오른 많은 여성들이 자신의 힘을 여성을 돕는 데 사용하지 않는 이유는 자칫 남성들의 눈에 지도자로서의 권위를 손상하는 행위로 보이지 않을까 우려하기 때문인 것 같다. 그래서 이런 식으로 행동하지 않는 지도자급 여성들이 내게는 진정한 영웅인 것이다. 하원의원 재키 스페이어Jackie Speier, 페이스북 최고운영책임자 셰릴 샌드버그Sheryl

Sandberg, 그리고 하버드 대학교 총장으로 하버드에서 오랫동안 존속되었던 대단히 성차별적인 파이널 클럽 시스템을 폐지한 드류 파우스트Drew Faust가 생각난다.

마틴 루터 킹 주니어의 말을 응용하자면, 일류 과학 기업은 이류 시민의 토대 위에 세워질 수 없다. 변화는 어렵다. 그러나 우리는 모두를 위한 더 나은 세상을 만들기 위해 자신이 맡은 부분에서 열심히 일해야 한다. 다양한 관점이 혁신을 일으킨다는 많은 연구 결과처럼 과학의 번영이 여기에 달려 있다. 다양한 젊은 과학자들이 성공하는 것은 그들이 똑같은 옛 데이터를 완벽하게 다른 방식으로 보기 때문이다.

그러나 태산 같은 편견에 맞서지 않고 첨단 과학을 발전시키기는 어렵다. 우리 모두는 우수하고 영리한 젊은 과학자의 과학적 열정이 소멸하여 다른 직업을 '선택'하는 일이 없도록 이 장벽을 인식하고 낮추기 위해 노력해야 할 의무가 있다. 이 비극은 오늘날에도 여성, 성 소수자, 라틴계 및 아프리카계 미국인들, 그밖에 남과 다른 면이 있는 재능 있는 사람들에게 여전히 일상적으로 일어난다.

편견과 차별에 관한 한 우리 모두 '괴물'이다. 학계가 다양한 사람들을 진정으로 환영하기 위해서 필요한 것이 무엇인지는 모르겠지만, 모든 선의와 노력에도 불구하고 아직 시작 단계라는 점은 알고 있다. 좋은 의도에도 불구하고 다양한 재능을 가진 사람들이 매일 학계에서 지속적으로 경험하는 장벽은 놀라울 정도다. 아직도 많은 싸움이 남아 있지만 전반적으로는 부정할 수 없는 진전이 이루어지고 있다고 말할 수 있어서 기쁘다. 몇 달 전에 MIT를 방문했을 때, 졸업한 지 40년 만에 학교가 마침내 대단히 재능 있는 여성들을 교수진으로 삼은 것을 보고 짜릿했다.

나는 성 소수자로서의 삶에서 겪은 남다른 경험이 경쟁적인 세상에서 다양한 관점을 가지고 용기 있게 버틸 수 있도록 도와주었다고 믿는다. 보편적인 무지와 혐오의 시대에 트랜스젠더로 성장하는 것은 힘겹고 고통스러웠다. 나는 사람들이 덜 무지하고, 더 응원하고, 더 이해하는 미래의 세상에서는 이런 고통의 대부분을 예방할 수 있을 거라고 믿는다. 나는 내 트랜스젠더 정체성을 공개하고 내 능력이 닿는 만큼 훌륭한 과학자이자 선생, 그리고 인간이 됨으로써 다른 사람들을 돕고자 최선을 다했다. 학자로서 이처럼 즐거운 경력을 가질 수 있었던 것은 참으로 큰 특권이었다.

벤 바레스 약력

출생:

미국 뉴저지 뉴어크

1954년 9월 13일

사망:

캘리포니아 스탠퍼드

2017년 12월 27일

학력:

매사추세츠 공과대학교, SB(1976)

다트머스 의학대학원, MD(1979)

하버드 의학대학원, PhD(1990)

경력:

코넬 대학교 협력 병원 내과 인턴(1979~1980)

코넬 대학교 협력 병원 신경과 레지던트(1980~1983)

유니버시티 칼리지 런던 박사 후 연구원(1990~1993)

스탠퍼드 대학교 신경생물학과 조교수(1993~1997)

스탠퍼드 대학교 신경생물학과 부교수(1997~2001)

스탠퍼드 대학교 신경생물학과 정교수(2001~2017)

스텐퍼드 대학교 신경생물학과 부학과장(1998~2007)

스탠퍼드 대학교 신경생물학과 학과장(2008~2016)

스탠퍼드 대학교 박사 과정 학생들을 위한 의학석사 과정 학장(2005~2017)

에넥슨 바이오사이언스사, 공동 창립자 겸 과학자문위원회 위원장(2011~2017)

수상 내역(주요 수상):

1976년 벨연구소 장학생 Bell Labs Engineering Scholar

1980년 미국 의사 면허 취득 Diplomate, National Board of Medical Examiners

1984년 미국 신경정신과 전문의 자격증 취득 Diplomate, American Board of Psychiatry and Neurology

2008년 미카 솔피터 평생 공로상, 미국 신경과학회 Mika Salpeter Lifetime Achievement Award, Society for Neuroscience

2010년 알콘연구소 상 Alcon Research Institute Award

2011년 미국과학진흥회 회원 American Association for Advancement of Science

2012년 미국 예술 과학 아카데미 회원 American Academy of Arts and Sciences

2013년 미국 과학 아카데미 회원 National Academy of Sciences

2014년 미국 의학원 회원 National Academy of Medicine

2016년 길 뛰어난 과학자 상, 인디애나 대학교 Gill Distinguished Scientist Award, University of Indiana

2016년 랄프 게라드 상, 미국 신경과학회 Ralph Gerard Prize, Society for Neuroscience

2017년 그룬드케-이크발 상, 알츠하이머 연합 Grundke-Iqbal Award, Alzheimer's Association

2017년 스탠퍼드 총장 상 Stanford University President's Award for Excellence through Diversity

2017년 헬리스 상. 파킨슨병과 신경퇴행행 질환 연구 Helis Award for Parkinson's Disease and Neurodegenerative Research

바레스 연구실 사람들

박사 과정(의과학 과정 제외)

미리암 R. 캐플란 Miriam R. Kaplan
1994~2000
브렌다이스 대학교
변리사

트렌트 왓킨스 Trent Watkins
2000~2006
캘리포니아 대학교 버클리
베일러 의과대학 조교수

매들린 로저스 Madolyn Rogers
2002~2007
사우스 플로리다 대학교
과학 작가

리처드 데너먼 Richard Daneman
2002~2008
맥길 대학교
캘리포니아 대학교 샌디에고 신경과학과 조교수

알리사 윈즐러 Alissa Winzeler
2003~2010
하버드 대학교
맥킨지 & 컴퍼니-사이앱스사(社) 정밀 의료 전략 본부장

리넷 푸 Lynette Foo
2007~2012
유니버시티 칼리지 런던
스위스 머크사(社) 연구원

아냐 스콜즈 Anja Scholze
2009~2014
포모나 대학교
산호세 과학 박물관 연구원

케빈 구텐플랜 Kevin Guttenplan
2013~
포모나 대학교
현 연구실 멤버
의과학과 박사 과정

의과학과 박사 과정

제프리 골드버그 Jeffrey Goldberg
1995~2002
예일 대학교
스탠퍼드 의과대학 교수 및 안과 학과장

마우리시오 바가스 Mauricio Vargas
2002~2008
캘리포니아 대학교 로스앤젤레스
캘리포니아 대학교 로스앤젤레스 안과 전공의 과정

존 카호이 John Cahoy
2003~2007
미시간 대학교
하버드 대학교 정형외과 전공의 과정

잭 왕 Jack Wang
2009~2014
스탠퍼드 대학교
캘리포니아 대학교 로스앤젤레스 신경과 전공의 과정

아맨다 브로쉬스-루츠 Amanda Brosius-Lutz
2010~2015
하버드 대학교
의과학과 과정을 마치고 모체태아의학 전공의 과정 예정

마리코 호웨 Mariko Howe
2010~2015
노스이스턴 대학교
의과학과 과정을 마치고 소아신경과 전공의 과정 예정

스티븐 슬론 Steven Sloan
2012~2016
존스 홉킨스 대학교
의과학과 과정을 마치고 의학유전학 전공의 과정 예정
박사 후 과정 연구원

박사 후 과정 연구원

징이 쉬 Jingyi Shi
1994~1997
뉴욕주립대학교
워싱턴 대학교 세인트루이스 의공학과 연구 조교수

후아이유 미 Mi, Huaiyu
1995~1999
스탠퍼드 대학교
캘리포니아 대학교 로스앤젤레스 예방의학과 부교수(현재 서던캘리포니아 대학교 소속)

송리 왕 Songli Wang
1995~2000
펜실베니아 대학교
사우스 샌프란시스코 암젠사(社) 연구실장

프랭크 프라이저 Frank Pfrieger
1995~1998
콘스탄츠 대학교
프랑스 국립과학연구센터 신경과학 팀장

앤키 마이어-프랭크 Anke Meyer-Franke
1995~1999
하이델베르크 대학교
캘리포니아 대학교 샌프란시스코, 글래드스톤연구소 연구원

에릭 M. 율리안 Erik M. Ullian
1998~2003
캘리포니아 대학교 샌프란시스코
캘리포니아 대학교 샌프란시스코, 안과학 부교수

캐런 크리스토퍼슨 Karen Christopherson
1999~2004
캘리포니아 대학교 샌프란시스코
트루노스사(社) 선임 연구원

브렌트 해리스 Brent Harris
1998~2002
조지타운 대학교
조지타운 대학교 신경병리학과 부교수

제이슨 두가스 Jason Dugas
1999~2003
캘리포니아 대학교 버클리
드날리테라퓨틱스 선임 연구원

윔 맨드메이커스 Wim Mandemakers
2001~2005
로테르담 대학교
네덜란드 로테르담 에라스무스 대학병원 임상유전학과 신경과학자

마이클 카요우엣 Michel Cayouette
2002~2004
맥길 대학교
몬트리올 대학교 의학과 부교수, 맥길 대학교 해부 및 세포생물학과 겸임교수

베스 스티븐스 Beth Stevens
2004~2008
메릴랜드 대학교
하버드 의과대학원 신경생물학과 부교수

찰라 에로글루 Cagla Eroglu
2004~2008
유럽분자생물학연구소 하이델베르크
듀크 대학교 세포생물학 및 신경생물학과 부교수

니콜라 앨렌 Nicola Allen
2006~2011
유니버시티 칼리지 런던
소크연구소 신경과학과 조교수

제니퍼 자매니언 Jennifer Zamanian
2005~2010
캘리포니아 대학교 샌프란시스코
스탠퍼드 대학교 선임 연구원

앤디 후버먼 Andy Huberman
2006~2011
캘리포니아 대학교 데이비스
스탠퍼드 대학교 신경생물학과 부교수

벤 에머리 Ben Emery
2006~2011
멜버른 대학교
오리건 보건과학대학/정거스 센터 신경학과 부교수

준료 와타나베 Junryo Watanabe
2007~2011
뉴욕 주립 대학교
포모나 대학교 강의 전담 교수

드리탄 아갈리우 Dritan Agalliu
2007~2011
컬럼비아 대학교
컬럼비아 대학교 신경학과 조교수

알렉산더 스테판 Alexander Stephan
2009~2013
캘리포니아 대학교 샌프란시스코
머크사 수석 과학자

정원석 Won-suk Chung
2009~2015
캘리포니아 대학교 샌프란시스코
한국과학기술원(카이스트) 신경생물학과 조교수

셰인 리들로우 Shane Liddelow
2012~2017
멜버른 대학교
뉴욕 대학교 란곤 의료센터 신경과학과 조교수

장 예 Ye Zhang
2011~2016
캘리포니아 대학교 샌프란시스코
캘리포니아 대학교 로스앤젤레스 정신의학과 조교수

브래드 주케로 Brad Zuchero
2011~2016
캘리포니아 대학교 샌프란시스코
스탠퍼드 대학교 신경외과 조교수

크리스토퍼 볼렌 Christopher Bohlen
2013~2017
캘리포니아 대학교 샌프란시스코
제넨텍 수석 과학자

로라 클라크 Laura Clarke
2012~
유니버시티 칼리지 런던
현 연구실 멤버

멩멩 푸 Meng-Meng Fu
2013~
펜실베니아 대학교
현 연구실 멤버

루 선 Lu Sun
2014~
존스홉킨스 대학교
현 연구실 멤버

크리스 F. 베넷 Chris F. Bennett
2015~
스탠퍼드 대학교
현 연구실 멤버

트리스탄 리 Tristan Li
2016~
듀크 대학교
현 연구실 멤버

주

1장 삶

1. B. A. Barres, L. L. Y. Chun, and D. P. Corey, "Ion Channel Phenotype of White Matter Glia: I. Type 2 Astrocytes and Oligodendrocytes," *Glia* 1(1988):10~30; B. A. Barres, W. J. Koroshetz, K. J. Swartz, L. L. Y. Chun, and D. P. Corey, "Ion Channel Expression by White Matter Glia: II. The O2A Glial Progenitor Cell," Neuron 4(1990): 507~524; B. A. Barres, W. J. Koroshetz, L. L. Y. Chun, and D. P. Corey, "Ion Channel Expression by White Matter Glia: III. Type 1 Astrocytes," *Neuron* 5(1990): 527~544.

2. B. A. Barres, L. L. Y. Chun, and D. P. Corey, "Induction of a Calcium Current in Cortical Astrocytes by cAMP and Neurotransmitters," *Journal of Neuroscience* 9(1989): 3169~3175.

3. B. A. Barres, L. L. Y. Chun, and D. P. Corey, "Glial and Neuronal Forms of the Voltage-Dependent Sodium Channel: Characteristics and Cell-Type Distribution," *Neuron* 2(1989): 1375~1388.

4. B. A. Barres, L. L. Y. Chun, and D. P. Corey, "Induction of a Calcium Current in Cortical Astrocytes by cAMP and Neurotransmitters," *Journal of Neuroscience* 9(1989): 3169~3175.

5. B. A. Barres, W. J. Koroshetz, K. J. Swartz, L. L. Y. Chun, and D. P. Corey, "Ion channel expression by white matter glia: II. The O2A Glial Progenitor Cell," *Neuron* 4(1990): 507~524.

6. B. A. Barres, W. J. Koroshetz, L. L. Y. Chun, and D. P. Corey, "Ion Channel Expression by White Matter Glia: III. Type 1 Astrocytes," *Neuron* 5(1990): 527~544.

7. B. A. Barres, L. L. Y. Chun, and D. P. Corey, "Ion Channel Phenotype of White Matter Glia: I. Type 2 Astrocytes and Oligodendrocytes," *Glia* 1(1988): 10~30.

8. B. A. Barres, L. L. Y. Chun, and D. P. Corey, "Ion Channels in Vertebrate Glia," *Annual Review of Neuroscience* 13(1990): 441~474.

9. B. A. Barres and M. C. Raff, "Proliferation of Oligodendrocyte Precursors Depends on Electrical Activity in Axons," *Nature* 361(1992): 258~260.

10. B. A. Barres and M. C. Raff, "Proliferation of Oligodendrocyte Precursors Depends on Electrical Activity in Axons," *Nature* 361(1992): 258~260; B. A. Barres, R. Schmid, M. Sendtner, and M. C. Raff, "Multiple Extracellular Signals Are Required for Long-term Oligodendrocyte Survival," *Development* 118(1993): 283~295; B. A. Barres, M. C. Raff, F. Gaese, I. Bartke, G. Dechant, and Y. A. Barde, "A Crucial Role for Neurotrophin-3 in Oligodendrocyte Development," *Nature* 367(1994): 371~375; B. A. Barres, J. Burne, M. Sendtner, H. Thoenen, and M. Raff, "CNTF Controls the Rate of Oligodendrocyte Generation," *Molecular and Cellular Neuroscience* 8(1996): 146~156.

11. B. A. Barres and M. C. Raff, "Proliferation of Oligodendrocyte Precursors Depends on Electrical Activity in Axons," *Nature* 361(1992): 258~260.

12. B. A. Barres, M. D. Jacobson, R. Schmid, M. Sendtner, and M. C. Raff, "Does Oligodendrocyte Survival Depend on Axons," *Current Biology* 3(1993): 489~497.

13. B. A. Barres and M. C. Raff, "Control of Oligodendrocyte Number in the Developing Rat Optic Nerve," *Neuron* 12(1994): 935~942.

14. B. A. Barres and M. C. Raff, "Proliferation of Oligodendrocyte Precursors

Depends on Electrical Activity in Axons," *Nature* 361(1992): 258~260.

15. B. A. Barres, M. Lazar, and M. C. Raff, "A Novel Role for Thyroid Hormone, Glucocorticoids, and Retinoic Acid in Timing Oligodendrocyte Differentiation," *Development* 120(1994): 1097~1108.

2장 **과학**

1. A. Meyer-Franke, M. Kaplan, F. Pfrieger, and B. A. Barres, "Characterization of the Signaling Interactions That Promote the Survival and Growth of Developing Retinal Ganglion Cells in Culture," *Neuron* 15(1995): 805~819.

2. A. Meyer-Franke, G. Wilkinson, A. Kruttgen, M. Hu, E. Munro, M. Hanson, L. Reichardt, and B. A. Barres, "Depolarization and cAMP Recruit TrkB to the Plasma Membrane of CNS Neurons," *Neuron* 21(1998): 681~693.

3. J. L. Goldberg and B. A. Barres, "The Relationship between Neuronal Survival and Regeneration," *Annual Review of Neuroscience* 23(2000): 579~612.

4. J. Goldberg, J. Espinosa, Y. Xu, N. Davidson, G. Kovacs, and B. A. Barres, "Retinal ganglion cells do not extend axons by default: promotion by neurotrophic signaling and electrical activity," *Neuron* 33(2002): 689~702.

5. J. H. Lim, B. K. Stafford, P. L. Nguyen, B. V. Lien, C. Wang, K. Zukor, Z. He, and A. D. Huberman, "Neural Activity Promotes Long-Distance, Target Specific Regeneration of Adult Retinal Axon," *Nature Neuroscience* 19(2016): 1073~1084.

6. G. Hanson, S. Shen, A. Wiemel, F. A. McMorris, and B. A. Barres, "cAMP

Elevation Is Sufficient to Promote the Survival of Spinal Motor Neurons," *Journal of Neuroscience* 18(1998): 7361~7371.

7. B. A. Barres and B. Stevens, *Purifying and Culturing Neural Cells: A Laboratory Manual*(New York: Cold Spring Harbor Press, 2014).

8. J. Dugas, W. Mandemakers, M. Rogers, A. Ibrahim, R. Daneman, and B. Barres, "A New Purification Method for CNS Projection Neurons Leads to the Identification of Brain Vascular Cells as a Source of Trophic Support for Corticospinal Motor Neurons," *Journal of Neuroscience* 28(2008): 8294~8305.

9. J. L. Zamanian, L. Zhou, and B. A. Barres, "Astrocytes Promote CNS Neuronal Survival by Secretion of Sulfated Glycosaminoglycans," *Proceedings of the National Academy of Sciences USA*(2017), in preparation.

10. E. M. Ullian, B. T. Harris, A. Wu, and B. A. Barres, "Schwann Cells Strongly Promote Synapse Formation by Spinal Motor Neurons in Culture," *Molecular and Cellular Neuroscience* 25(2004): 241~251; E. M. Ullian, W. Barkis, S. Chen, J. Diamond, and B. A. Barres(2004) "Invulnerability of Retinal Ganglion Cells to Glutamate Eexcitotoxicity," *Molecular and Cellular Neuroscience* 26:544~557.

11. S. Shen, A. P. Wiemelt, F. A. McMorris, and B. A. Barres, "Retinal Ganglion Cells Lose Trophic Responsiveness after Axotomy," *Neuron* 23(1999): 285~295.

12. S. Shen, A. P. Wiemelt, F. A. McMorris, and B. A. Barres, "Retinal Ganglion Cells Lose Trophic Responsiveness after Axotomy," *Neuron* 23(1999): 285~295.

13. J. Goldberg, M. Vargas, W. Mandemakers, and B. A. Barres, "Inhibition

of retinal ganglion cell regeneration by oligodendrocyte derived semaphorin 5A," *Journal of Neuroscience* 24(2004): 4989~4999.

14. A. Winzeler, W. Mandemakers, M. Sun, M. Stafford, C. B. Phillips, and B. Barres, "The Lipid Sulfatide Is a Novel Myelin-Associated Inhibitor of CNS Axon Outgrowth," *Journal of Neuroscience* 31(2011): 6481~6492.

15. M. E. Vargas, J. Watanabe, S. J. Singh, W. H. Robinson, and B. A. Barres, "Endogenous Antibodies Promote Rapid Myelin Clearance and Effective Axon Regeneration after Nerve Injury," *Proceedings of the National Academy of Sciences USA* 107(2010): 11993~11998.

16. A. Brosius-Lutz, W. S. Chung, S. A. Sloan, G. A. Carson, E. Lovelett, S. Posadac, L. Zhou, J. B. Zuchero, and B. A. Barres, "Schwann Cells Use TAM Receptor-Mediated Phagocytosis in Addition to Autophagy to Clear Myelin in a Mouse Model of Nerve Injury," *Proceedings of the National Academy of Sciences USA*, 5 September 2017.

17. J. Goldberg, J. Espinosa, Y. Xu, N. Davidson, G. Kovacs, and B. A. Barres, "CNS Axon Extension Does Not Occur by Default but Is Stimulated by Electrical Activity Together with Neurotrophic Factors," *Neuron* 33(2002): 689~702; J. Goldberg, R. Daneman, Y. Hua, and B. A. Barres, "An Irreversible, Neonatal Switch from Axonal to Dendritic Growth in the Developing CNS," *Science* 296(2002): 1860~1864.

18. J. T. Wang, N J. Kunzevitzky, J. C. Dugas, M. Cameron, B. A. Barres, and J. L. Goldberg, "Disease Gene Candidates Revealed by Expression Profiling of Retinal Ganglion Cell development," *Journal of Neuroscience* 27(2007):8593~8603.

19. A. D. Huberman, M. Manu, S. M. Koch, M. W. Susman, A. B. Lutz, E. M. Ullian, S. A. Baccus, and B. A. Barres, "Architecture and Activity-Mediated

Refinement of Axonal Projections from a Mosaic of Genetically Identified Retinal Ganglion Cells," *Neuron* 59(2008): 425~438; A. Huberman, W. Wei, J. Elstrott, B. Stafford, M. Feller, and B. Barres, "Genetic Identification of an On-Off Direction-Selective Retinal Ganglion Cell Subtype Reveals a Layer-Specific Subcortical Map of Posterior Motion," *Neuron* 62(2009): 327~334; T. W. Cheng, X. B. Liu, R. L. Faulkner, A. H. Stephan, B. A. Barres, A. D. Huberman, and H. J. Cheng, "Emergence of Lamina-Specific Retinal Ganglion Cell Connectivity by Axon Arbor Retraction and Synapse Elimination," *Journal of Neuroscience* 30(2010): 16376~16382; J. A. Osterhout, N. Josten, J. Yamada, F. Pan, S. W. Wu, P. L. Nguyen, G. Panagiotakos, Y. U. Inoue, S. F. Egusa, B. Volgyi, T. Inoue, S. A. Bloomfield, B. A. Barres, D. M. Berson, D. A. Feldheim, and A. D. Huberman, "Cadherin-6 Mediates Axon-Target Matching in a Non Image Forming Visual Circuit," *Neuron* 71(2011): 632~639.

20. M. Kaplan, A. Meyer-Franke, S. Lambert, V. Bennett, I. D. Duncan, S. R. Levinson, and B. A. Barres, "Soluble Oligodendrocyte-Derived Signals Induce Regularly-Spaced Sodium Channel Clusters along CNS Axons," *Nature* 386(1997): 724~728; M. Kaplan, M. Cho, L. Isom, R. Levinson, and B. Barres, "Differential Control of Clustering of the Sodium Channels Nav1.2 and Nav1.6 at Developing CNS Nodes of Ranvier," *Neuron* 30(2001): 105~119.

21. S. Wang, A. Sdrulla, G. diSibio, G. Bush, D. Nofziger, C. Hicks, G. Weinmaster, and B. A. Barres, "Notch Receptor Activation Inhibits Oligodendrocyte Differentiation," *Neuron* 21(1998): 63~75.

22. J. Dugas, J. B. Ngai, and B. Barres, "Functional Genomic Analysis Revels That Terminal Oligodendrocyte Differentiation Proceeds in Distinct Temporal Stages," *Journal of Neuroscience* 26, no. 43(2006): 10967~10983.

23. S. Wang and B. A. Barres, "Control of Oligodendrocyte Differentiation

by Id2," Neuron 29(2001): 603~614; J. Dugas, and B. Barres, "A Crucial Role for p57Kip2 in the Intracellular Timer That Controls Oligodendrocyte Differentiation," *Journal of Neuroscience* 27(2007): 6185~6196; J. Dugas, T. Cuellar, A. Scholze, B. Ason, A. Ibrahim, J. L. Zamanian, L. C. Foo, M. T. McManus, and B. A. Barres, "Dicer1 and miR-219 Are Required for Normal Oligodendrocyte Differentiation and Myelination," *Neuron* 65(2010): 597~611; J. C. Dugas, A. Ibrahim, and B. A. Barres, "The T3-Induced Gene KLF9 Regulates Oligodendrocyte Differentiation and Myelin Regeneration," *Molecular and Cellular Neuroscience* 50(2012): 45~57.

24. B. Emery, D. Agalliu, D. Rowitch, and B. Barres, "Identification of Myelin-Gene Regulatory Factor as a Critical Transcriptional Regulator Required for CNS Myelin Gene Expression and Myelination," *Cell* 138(2009): 172~185.

25. H. Bujalka, M. Koenning, S. Jackson, V. M. Perreau, B. Pope, C. M. Hay, S. Mitew, A. F. Hill, Q. R. Lu, M. Wegner, R. Srinivasan, J. Svaren, M. Willingham, B. A. Barres, and B. Emery, "MYRF Is a Membrane Associated Transcription Factor That Autoproteolytically Cleaves to Directly Activate Myelin Genes," *PLOS Biology* 11, no. 8(2013): e1001625.

26. A. Meyer-Franke and B. A. Barres, "Astrocyte-Induced Adhesion of Axons and Oligodendrocytes," *Molecular and Cellular Neuroscience* 14(1999): 385~397; T. A. Watkins, B. Emery, S. Mulinyawe, and B. A. Barres, "Distinct Stages of Myelination Regulated by Gamma Secretase and Astrocytes in a Rapidly Myelinating CNS Co-culture System," *Neuron* 60(2008): 555~569.

27. T. A. Watkins, B. Emery, S. Mulinyawe, and B. A. Barres, "Distinct Stages of Myelination Regulated by Gamma Secretase and Astrocytes in a Rapidly Myelinating CNS Co-culture System," *Neuron* 60(2008): 555~569.

28. J. B. Zuchero, M. M. Fu, S. A. Sloan, A. Ibrahim, A. Olson, A. J. Zaremba,

J. C. Dugas, S. Wienbar, A. V. Caprariello, C. Kantor, D. Leonoudakus, K. Lariosa-Willingham, G. Kronenberg, K. Gertz, S. H. Soderling, R. H. Miller, and B. A. Barres, "CNS Myelin Wrapping Is Driven by Actin Disassembly," *Developmental Cell* 34(2015): 152~167.

29. J. D. Cahoy, B. Emery, A. Kaushal, L. C. Foo, J. L. Zamanian, K. S. Christopherson, Y. Xing, J. L. Lubischer, P. A. Krieg, S. A. Krupenko, W. J. Thompson, and B. A. Barres, "A Transcriptome Database for Astrocytes, Neurons, and Oligodendrocytes: A New Resource for Understanding Brain Development and Function," *Journal of Neuroscience* 28(2008): 264~278.

30. L. Foo, N. J. Allen, E. A. Bushong, P. B. Ventura, W. S. Chung, L. Zhou, J. D. Cahoy, R. Daneman, H. Zong, M. H. Ellisman, and B. Barres. "A New Method to Purify and Culture Rodent Astrocytes," *Neuron* 71(2011): 799~811.

31. Y. Zhang, K. Chen, S. Sloan, B. A. Barres, and J. Q. Wu, "An RNA-Sequencing Transcriptome and Splicing Database of Glia, Neurons, and Vascular Cells of the Cerebral Cortex," *Journal of Neuroscience* 34(2014): 11929~11947.

32. F. Pfrieger and B. A. Barres, "Glial Cells Regulate Synaptic Efficacy," *Science* 277(1997): 1684~1687.

33. E. Ullian, S. Sapperstein, K. Christopherson, and B. A. Barres, "Control of Synapse Number by Glia," *Science* 291(2001): 657~661.

34. E. M. Ullian, B. T. Harris, A. Wu, and B. A. Barres, "Schwann Cells Strongly Promote Synapse Formation by Spinal Motor Neurons in Culture," *Molecular and Cellular Neuroscience* 25(2004): 241~251.

35. K. Christopherson, E. M. Ullian, C. Stokes, C. Mullowny, J. W.

Hell, A. Agah, J. Lawler, D. Mosher, P. Bornstein, and B. A. Barres, "Thrombospondins are astrocyte-secreted proteins that promote CNS synaptogenesis," *Cell* 120(2005): 421~433.

36. C. Eroglu, N. J. Allen, M. W. Susman, N. A. O'Rourke, C. Y. Park, E. Özkan, C. Chakraborty, S. B. Mulinyawe, D. S. Annis, A. D. Huberman, E. M. Green, J. Lawler, R. Dolmetsch, K. C. Garcia, S. J. Smith, Z. D. Luo, A. Rosenthal, D. F. Mosher, and B. A. Barres, "Gabapentin Receptor $\alpha 2\delta$-1 Is a Neuronal Thrombospondin Receptor Responsible for Excitatory CNS Synaptogenesis," *Cell* 139, no. 2(2009): 380~392.

37. H. Kucukdereli, N. J. Allen, A. T. Lee, A. Feng, M. I. Ozlu, L. M. Conatser, C. Chakraborty, G. Workman, M. Weaver, E. H. Sage, B. A. Barres, and C. Eroglu, "Control of Excitatory CNS Synaptogenesis by Astrocyte-Secreted Proteins Hevin and SPARC," *Proceedings of the National Academy of Sciences USA* 108(2011): E440~449.

38. N. J. Allen, M. L. Bennett, L. C. Foo, G. X. Wang, C. Chakraborty, S. J. Smith, and B. A. Barres, "Astrocyte-Derived Glypicans 4 and 6 Promote the Formation of Excitatory Synapses Containing GluA1 AMPA Glutamate Receptors," *Nature* 486(2012): 410~414.

39. B. Stevens, N. J. Allen, L. E. Vazquez, G. R. Howell, K. S. Christopherson, N. Nouri, K. D. Micheva, A. K. Mehalow, A. D. Huberman, B. Stafford, A. Sher, A. M. Litke, J. D. Lambris, S. J. Smith, S. W. John, and B. A. Barres, "The Classical Complement Cascade Mediates Developmental CNS Synapse Elimination," *Cell* 131(2007): 1164~1178.

40. D. P. Schafer, E. K. Lehrman, A. G. Kautzman, R. Koyama, A. R. Mardinly, R. Yamasaki, R. M. Ransohoff, M. F. Greenberg, B. A. Barres, and B. Stevens, "Microglia Sculpt Postnatal Neural Circuits in an Activity and Complement-Dependent Manner," *Neuron* 74(2012): 691~705.

41. W. S. Chung, G. Wang, B. Stafford, A. Sher, C. Chakraborty, J. Joung, L. Foo, S. J. Smith, and B. A. Barres, "Astrocytes Mediate Synapse Elimination and Neural Circuit Refinement through the MEGF10 and MERTK Phagocytic Pathways," *Nature* 504(2013): 394~400.

42. Y. Zhang, S. Sloan, L. Clarke, C. Caneda, C. Plaza, P. Blumenthal, H. Vogel, G. K. Steinberg, M. S. Edwards, G. Li, J. A. Dunctan, S. Cheshier, L. Shuer, E. Chang, G. Grant, M. G. Hayden-Gephart, and B. A. Barres, "Purification and Characterization of Progenitor and Mature Human Astrocytes Reveals Transcriptional and Functional Differences with Mouse," *Neuron* 89(2016): 37~53.

43. A. M. Pasca, S. A. Sloan, L. E. Clarke, Y. Tian, C. D. Makinson, N. Huber, C. H. Kim, J.-Y. Park, N. A. O'Rourke, K. D. Nguyen, S. J. Smith, J. R. Huguenard, D. H. Geschwind, B. A. Barres, and S. P. Pasca, "Generation of Functional Cortical Neurons and Astrocytes from Human Pluripotent Stem Cells in 3D Cultures," *Nature Methods* 12(2015): 671~678; S. A. Sloan, S. Darmanis, N. Huber, T. Khan, F. Birey, C. Caneda, R. Reimer, S. R. Quake, B. Barres, and S. Pasca, "Human Astrocyte Maturation Captured in 3D Cerebral Cortical Spheroids Derived from Pluripotent Stem Cells," *Neuron* 95, no. 4(2017): 725~727.

44. M. L. Bennet, F. C. Bennett, S. A. Liddelow, B. Ajami, J. L. Zamanian, N. B. Fernhoff, S. B. Mulinyawe, C. J. Bohlen, A. Aykezar, A. Tucker, I. Weissman, E. Chang, G. Li, G. A. Grant, M. Hayden-Gephart, and B. A. Barres, "New Tools for sSudying Microglia in the Mouse and Human CNS," *Proceedings of the National Academy of Sciences USA* 113(2016): E1738~1746.

45. C. J. Bohlen, F. C. Bennett, A. F. Tucker, H. Y. Collins, S. B. Mulinyawe, and B. A. Barres, "Diverse Requirements for Microglial Survival, Specification, and Function Revealed by Defined-Medium Cultures," *Neuron* 94(2017): 759~773.

46. R. Daneman, L. Zhou, A. A. Kebede, and B. A. Barres, "Pericytes Are Required for Blood-Brain Barrier Integrity During Embryogenesis," *Nature* 468(2010): 562~566.

47. R. Daneman, D. Agalliu, L. Zhou, F. Kuhnert, C. J. Kuo, and B. A. Barres, "Wnt Signaling Is Necessary for CNS, but Not Non-CNS, Angiogenesis," *Proceedings of the National Academy of Sciences USA* 106(2009): 641~647.

48. R. Daneman, L. Zhou, D. Agalliu, J. D. Cahoy, A. Kaushal, and B. A. Barres, "The Mouse Blood-Brain Barrier Transcriptome: A New Resource for Understanding the Development and Function of Brain Endothelial Cells," *PLOS One* 5, no. 10(2010): e13741.

49. D. Knowland, A. Arac, K. J. Sekiguchi, M. Hsu, S. E. Lutz, J. Perrino, G. K. Steinberg, B. A. Barres, A. Nimmerjahn, and D. Agalliu, "Stepwise Recruitment of Transcellular and Paracellular Pathways Underlies Blood Brain Barrier Breakdown in Stroke," *Neuron* 82(2014): 603~617.

50. J. L. Zamanian, L. Xu, L. C. Foo, N. Nouri, L. Zhou, R. G. Giffard, and B. A. Barres, "Genomic Analysis of Reactive Astrogliosis," Journal of *Neuroscience* 32(2012): 6391~6410.

51. S. Liddelow, K. Guttenplan, L. Clarke, F. Bennett, C. Bohlen, L. Schirmer, M. Bennett, A. Munch, W. Chung, T. Peterson, D. Wilton, A. Frouin, B. Napier, N. Panicker, M. Kumar, M. Buckwalter, D. Rowitch, V. Dawson, T. Dawson, B. Stevens, and B. Barres, "Neurotoxic Reactive Astrocytes Are Induced by Activated Microglia," *Nature* 541(2017): 481~487.

52. A. H, Stephan, D. V. Madison, J. M. Mateos, D. A. Fraser, E. A. Lovelett, L. Coutellier, L. Kim, H. H. Tsai, E. J. Huang, D. H. Rowitch, D. S. Berns, A. J. Tenner, M. Shamloo, and B. A. Barres, "A Dramatic Increase in C1q Protein in the CNS during Normal Brain Aging," *Journal of Neuroscience*

33(2013): 13460~13474.

53. W. S. Chung, G. Wang, B. Stafford, A. Sher, C. Chakraborty, J. Joung, L. Foo, S. J. Smith, and B. A. Barres, "Astrocytes Mediate Synapse Elimination through the MEGF10 and MERTK Phagocytic Pathways," *Nature* 504(2013): 394~400.

54. W. S. Chung, P. B. Verghese, C. Chakraborty, J. Joung, B. T. Hyman, J. D. Ulrich, D. M. Holtzman, and B. A. Barres, "Novel Allele-Dependent Role for APOE in Controlling the Rate of Synapse Pruning by Astrocytes," *Proceedings of the National Academy of Sciences USA* 113(2016): 10186~10191.

55. B. Stevens, N. J. Allen, L. E. Vazquez, G. R. Howell, K. S. Christopherson, N. Nouri, K. D. Micheva, A. K. Mehalow, A. D. Huberman, B. Stafford, A. Sher, A. M. Litke, J. D. Lambris, S. J. Smith, S. W. John, and B. A. Barres, "The Classical Complement Cascade Mediates Developmental CNS Synapse Elimination," *Cell* 131(2007): 1164~1178.

56. G. R. Howell, D. G. Macalinao, G. L. Sousa, M. Walden, I. Soto, S. C. Kneeland, J. M. Barbay, B. L. King, J. K. Marchant, M. Hibbs, B. Stevens, B. A. Barres, A. F. Clark, R. T. Libby, and S. W. M. John, "Molecular clustering identifies complement and endothelin induction as early events in a mouse model of glaucoma," *Journal of Clinical Investigation* 121(2011): 1429~1444.

57. S. Hong, V. F. Beja-Glasser, B. M. Nfonoyim, A. Frouin, S. Li, S. Ramakrishnan, K. M. Merry, Q. Shi, A. Rosenthal, B. A. Barres, C. A. Lemere, D. J. Selkoe, and B. Stevens, "Complement and Microglia Mediate Early Synapse Loss in Alzheimer Mouse Models," *Science* 352(2016): 712~716.

58. A. Vukojicic, N. Delestree, E. Fletcher, S. Sankaranarayanan, T. Yednock, B. Barres, and G. Mentis, "Complement and Microglia Mediated Sensory-Motor Synaptic Loss in Spinal Muscular Atrophy," *Society for Neuroscience-Abstracts*(2017).

59. L. Clarke, S. Liddelow, C. Chakraborty, A. Munch, M. Heiman, and B. A. Barres, "Normal againg induces A1-like astrocyte reactivity", *Proceedings of the National Academy of Sciences USA* 115(8)(2018): E1896-E1905.

60. P. W. Phuan, H. Zhang, N. Asavapanumas, M. Leviten, A. Rosenthal, L. Tradtrantip, and A. S. Verkman, "C1q-Targeted Monoclonal Antibody Prevents Complement-Ddependent Cytotoxicity and Neuropathology in In Vitro and Mouse Models of Neuromyelitis Optica," *Acta Neuropathologica* 125(2013): 829~840; R. McGonigal, M. E. Cunningham, D. Yao, J. A. Barrie, S. Sankaranarayanan, S. N Fewou, K. Furukawa, T. A. Yednock, and H. J. Willison, "C1q-Targeted Inhibition of the Classical Complement Pathway Prevents Injury in a Novel Mouse Model of Acute Motor Axonal Neuropathy," *Acta Neuropathologica Communications* 4(2016): 23; Hong, Beja-Glasser, Nfonoyim, Frouin, Li, Ramakrishnan, Merry, Shi, Rosenthal, Barres, Lemere, Selkoe, and Stevens, "Complement and Microglia Mediate Early Synapse Loss in Alzheimer Mouse Models"; Vukojicic, Delestree, Fletcher, Sankaranarayanan, Yednock, Barres, and Mentis, "Complement and Microglia Mediated Sensory-Motor Synaptic Loss in Spinal Muscular Atrophy," *Society for Neuroscience-Abstracts*.

3장 **옹호**

1. B. A. Barres, "How to Pick a Graduate Advisor," Neuron 80(2013): 275~279; B. A. Barres, "Stop Blocking the Postdoc's Path to Success," *Nature* 80, no. 2(2017): 275~279.

2. B. A. Barres, "How to Pick a Graduate Advisor," Neuron 80(2013): 275~279; B. A. Barres, "Stop Blocking the Postdoc's Path to Success," *Nature* 80, no. 2(2017): 275~279.

3. B. A. Barres, "Does Gender Matter?" *Nature* 442(2006): 133~136.

4. B. A. Barres, "Does Gender Matter?" *Nature* 442(2006): 133~136.

5. Barres, "Does Gender Matter?"; B. A. Barres, "Neuro Nonsense. Book review of Delusions of Gender by Cordelia Fine," *PLOS Biology* 8(2010): e1001005.

6. Courtney Humphries, "Measuring Up," *MIT Technology Review* 120(August 16, 2017)

비전문가들을 위한 간단한 용어 설명

가소성 Plasticity
신경가소성. 고정되지 않고 환경, 경험, 신체 상태 등에 따라 변하는 신경세포의 유연한 성질을 말한다.

가지돌기 Dendrite
수상돌기. 신경세포인 뉴런에서 뻗어나온 나뭇가지 모양의 돌기로 이웃하는 신경세포에서 보낸 신호를 받아들여 신경세포체에 전달한다.

감마 세크레타제 Gamma Secretase
일종의 단백질 분해 효소로, 분해 작용시 형성되는 베타 아밀로이드는 치매의 주범으로 알려져 있다.

결합 도메인 Binding Domain
단백질에서 특정 분자나 원자가 결합하는 부위를 말한다.

고전보체연쇄반응 Classical Complement Cascade
고전보체경로. 면역작용과 연관된 보체계의 세 가지 활성 경로 중 가장 먼저 발견된 경로. 항체와 항원이 결합한 항원항체 복합체에 보체 단백질이 결합하면서 활성화되고 최종적으로 병원체를 제거하는 것이 목적이지만 그 과정에 숙주세포에도 해를 줄 수 있다. 보체 항목 참조.

글루타메이트 Glutamate
중추신경계에서 볼 수 있는 신경전달물질. 신경흥분독성 항목 참조.

녹색형광단백질 Green Fluorescent Protein
해파리에서 발견된 형광 물질로, 관심 있는 유전자에 유전자 조작으로 이 단백질의 DNA를 붙이면 유전자가 발현하면서 형광 물질이 함께 만들어지므로 유전자가 언제 어디서 발현하는지 쉽게 관찰할 수 있다.

단일클론항체 Monoclonal Antibody

단클론항체. 하나의 항원 결정기에만 결합하는 한 종류의 항체로 인위적으로 생성한다. 특정 세포 또는 물질에만 결합하므로 단백질 분리, 활성세포분류 장치, 질병의 진단 및 치료에 사용된다.

대식세포 Macrophage

면역세포의 일종으로 세균 등 각종 항원을 잡아먹는다.

망막신경절세포 Retinal ganglion cell

시각 정보를 눈에서 뇌로 전달하는 세포.

면역염색법 Immunostaining

염색 가능한 항체를 이용한 항원 항체 반응을 통해 특정 단백질을 검출하는 방법.

면역패닝 Immunopanning

항원-항체 반응을 이용해 세포를 분리하는 기법.

미엘린수초 Myelin

미엘린. 수초. 말이집. 신경세포의 줄기인 축삭돌기를 감싸는 일종의 절연체로 신호전달 속도를 높인다. 중추신경계에서는 희소돌기아교세포가, 말초신경계에서는 슈반세포가 수초를 형성한다.

밀착연접 Tight Junction

이웃하는 세포 사이에 연접의 한 형태로 완전히 밀착하여 분자의 누출을 막는다.

보체 Complement

간에서 만들어지는 단백질로 주로 면역작용을 보완하는 역할을 한다. 평소에는 불활성 상태로 존재하다 항원항체 복합체 등에 의해 활성화되며, 활성 경로에 크게 세 가지가 있다. 그중 하나가 이 책에 나온 고전보체연쇄반응이다. 보체 단백질에는 C1~C9까지 있으며, 이 책에서 여러 번 나온 C1q는

C1r, C1s와 함께 C1 보체 단백질을 이루는 소단위다.

세포사멸 Apoptosis
세포자살. 다세포 생물에서 볼 수 있는 세포의 예정된 죽음. 세포가 외부적 요인으로 손상되어 일어나는 괴사와는 다르다.

수용체 Receptor
세포막이나 내부에 존재하는 단백질로 화학적 신호나 물리적 자극을 받아들여 반응을 일으킨다.

수용체 작용제 Agonist
세포 내 특정 수용체에 원래 그 수용체에 결합하는 체내 물질을 대신해서 결합하여 수용체의 기능을 활성시키는 약물. 반대로 수용체에 결합하여 기능을 저해하는 약물을 대항체 또는 길항제(antagonist)라고 한다.

슈반세포 Schwann cell
말초신경계에 존재하는 신경아교세포의 하나. 신경세포의 생존에 필요하고 축삭돌기의 미엘린수초를 형성한다.

시냅스 Synapse
연접. 이웃하는 신경세포의 연결 부위. 축삭돌기를 통해 전달된 신호가 다음 신경세포로 이동할 수 있게 연결하는 역할을 한다. 전기적 신호로 전달되는 전기적 시냅스와 신경전달물질에 의한 화학적 시냅스가 있다.

신경세포 Neuron
뉴런. 신경계를 구성하는 세포로 이온채널을 발현해 신호를 전달하는 역할을 한다. 크게 세포의 중심이며 핵이 있는 세포체, 세포체에서 가지처럼 뻗어나가 신호를 수신하는 가지돌기(수상돌기), 신경이 장거리로 전달되는 축삭돌기, 이웃하는 두 신경세포가 만나는 시냅스(연접)로 이루어졌다.

신경아교세포 Glia Cell
교세포. 중추신경계와 말초신경계에 존재하는 비신경세포. 이 책에 나오는 중추신경아교세포에는 별아교세포, 희소돌기아교세포, 미세아교세포가 있고, 말초신경아교세포에는 슈반세포가 있다.

신경전달물질 Neurotransmitter

신경세포에서 분비하는 신호 물질로 하나의 신경세포에서 다른 신경세포로 신호를 전달한다.

신경흥분독성 Excitotoxicity

글루타메이트 같은 신경전달물질에 의한 과도한 자극으로 신경세포가 손상을 입거나 죽는 병리학적 과정.

액틴 필라멘트 Actin Filament

근육을 이루는 세포 조직으로 세포의 지지와 운동에 관여한다.

영양인자 Trophic Factor

주로 펩타이드나 작은 단백질로 이루어진 물질로 세포가 생존, 생장, 기능하는 데 필요하다.

웨스턴 블롯 Western Blot

단백질의 존재 유무 및 양을 확인하는 기법.

유전자칩 Gene Chip

DNA를 미세한 칩에 붙여놓은 일종의 생화학 반도체로 유전자 발현을 비교하는 데 사용한다.

이온채널 Ion Channel

이온채널. 세포막에 존재하는 단백질로 세포 안팎으로 이온의 이동을 허용하거나 차단한다. 전압 의존성 이온채널은 전압의 변화에 따라 열고 닫히는 이온채널을 말한다.

전사인자 Transcription Factor

DNA에서 mRNA로 정보를 복사하는 과정을 조절하는 단백질. 유전자 발현을 조절한다.

전사체 Transcriptome
세포 안에 들어 있는 RNA 집합. 전체 RNA를 의미하기도 하고, mRNA만을 의미하기도 한다. 전사체를 분석하면 유전자의 발현 유무와 양을 알 수 있다.

촉진유전자 Promoter
특정 유전자의 DNA에서 mRNA로 정보를 복사(전사)하는 과정이 시작되는 부위로 유전자 발현을 조절한다.

탈분극 Depolarization
세포막을 중심으로 형성된 분극 상태(세포 안쪽이 음전하)가 자극을 받아 상쇄되는 현상. 흥분 및 신호가 전달되는 시작 과정이다.

패치클램프 Patch Clamp
미세한 유리관을 사용해 세포에서 이온이 세포막의 이온채널을 통과할 때 발생하는 전류 및 전압의 변화를 측정하는 방법. 신경세포와 같은 흥분성 세포 연구에 많이 쓰인다.

바이오틴화 Biotinylated
특정 단백질의 항체에 바이오틴 표지를 붙여 위치를 추적하는 방법.

프로테오글리칸 Proteoglycan
단백질에 다당류가 결합된 복합체

혈뇌장벽 Blood-Brain Barrier
뇌(뇌척수액)와 혈관 사이에 존재하는 장벽으로, 밀착연접된 세포로 혈관을 감싸 혈액을 통해 운반되는 병원체 및 기타 유해한 외부 물질이 뇌로 들어가지 못하게 막는다. 뇌를 보호하는 중요한 기능을 하지만, 치료 약물 역시 통과하지 못한다는 어려움이 있다.

활동전위 Action Potential

신경세포에서 이온의 이동에 의해 발생하는 전위의 변화(분극-탈분극-재분극)로 신경세포의 신호전달 방식에 사용된다.

활성세포분류 Fluorescence-activated Cell Sorting

유세포 분석기의 일종으로 형광 물질로 표지된 활성화된 세포를 분리하는 기기.

cAMP 고리형 아데노신 일인산

세포 내 신호전달에 관여하는 2차 신호전달자이며 이온채널에 결합해 기능을 조절하기도 한다.

mRNA 전령 DNA

핵 안에 들어 있는 DNA 유전자 정보를 복사해 단백질 합성이 일어나는 리보솜으로 전달하는 운반체. 언제나 그런 것은 아니지만 세포 안에서 특정 유전자의 mRNA가 발견되면 그 유전자가 발현되어 단백질이 생성된다고 추정할 수 있다.

RNA 염기서열분석 RNA-seq

RNA(특히 전사체)의 존재와 양을 측정해 유전자가 발현되는 패턴의 차이 및 변화를 확인하는 방법. 전사체 항목 참조.

찾아보기

ㅎ

A~Z

지은이 **벤바레스**Ben Barres(1954~2017)

미국 스탠퍼드 대학교 신경생물학과 교수이자 신경아교세포 분야에서 선도적인 연구로 주목받은 세계적인 과학자였다. 고등학교 시절 수학 천재로 불렸으며, MIT로 진학해 화학과 컴퓨터과학을 공부했다. MIT를 졸업한 후 다트머스 대학교 의학대학원에서 수련 과정을 밟아 의사 면허(1980) 및 신경정신과 전문의 자격증(1984)을 취득했으며, 하버드 대학교 의학대학원에서 박사학위(1990)를 받았다. 1993년에 스탠포드 대학교 신경생물학과 교수가 되었다. 어린 시절부터 성 정체성 혼란을 겪다가, 1997년 성전환 수술을 통해 '바버라'에서 '벤'이 되었다. 이후 그동안 여성 연구자로서 겪은 일들이 성차별이라는 사실을 뒤늦게 깨닫고는, 성차별의 실체에 대해 공개적으로 발언하기 시작했다. 2006년에는 『네이처』에 「성별이 문제가 되는가?Does gender matter?」라는 글을 기고해 래리 서머스 하버드 대학교 총장의 성차별 발언을 조목조목 비판했다. 이런 벤의 공개 비판은 학계에서의 성차별을 공론화하는 촉매제가 되었고, 래리 서머스는 결국 총장직을 사임했다.

2017년 12월 췌장암으로 세상을 떠나기 전까지, 벤은 성차별과 맞서 싸운 비판적인 활동가였고, 연구 성과를 적극적으로 공유한 교육자였으며, 신경아교세포 분야에서 가장 영향력 있는 연구자였다. 이 책은 벤이 세상을 떠나기 직전에 탈고한 원고다.

옮긴이 **조은영**

서울대학교 생물학과를 졸업하고, 서울대학교 천연물과학대학원과 미국 조지아 대학교 식물학과에서 석사학위를 받았다. 조지아 대학교와 충남대학교 연구원으로 일했으며, 거시생물학에서 미시생물학까지 두루 익혔다. 어려운 과학책은 쉽게, 쉬운 과학책은 재미있게 번역하고자 노력하는 과학도서 전문 번역가이다. 옮긴 책으로 『신경가소성』『10퍼센트 인간』『세렝게티 법칙』『랜들 먼로의 친절한 과학 그림책』『침입종 인간』『나무에서 숲을 보다』『오해의 동물원』『문명 건설 가이드』『세상에 나쁜 곤충은 없다』 등이 있다.

감수 **정원석**

카이스트 생명과학과 교수. 서울대학교를 졸업하고, 미국 캘리포니아 대학교 샌프란시스코에서 발생생물학 분야 박사학위를 받았다. 2009년부터 2015년까지 스탠퍼드 대학교 벤 바레스 연구실의 박사 후 연구원으로서 벤과 함께 신경아교세포 연구를 진행했다. 현재 카이스트에서 신경아교세포 포식 작용을 통한 시냅스 소멸 기전과 이 현상이 정상 뇌와 알츠하이머 병 뇌에 미치는 생리학적 중요성 연구를 진행하고 있다.

벤 바레스

초판 발행 2020년 4월 6일

지은이 벤 바레스
옮긴이 조은영
감수 정원석
펴낸이 김정순
편집 허영수 조장현
디자인 김진영
마케팅 김보미 양혜림 이지혜
펴낸곳 (주)북하우스 퍼블리셔스
출판등록 1997년 9월 23일 제406-2003-055호
주소 04043 서울시 마포구 양화로 12길 16-9(서교동 북앤빌딩)
전자우편 henamu@hotmail.com
홈페이지 www.bookhouse.co.kr
전화번호 02-3144-3123
팩스 02-3144-3121

ISBN 979-11-6405-057-4 03400

해나무는 (주)북하우스 퍼블리셔스의 과학·인문 브랜드입니다.

이 도서의 국립중앙도서관 출판시도서목록(CIP)은 서지정보유통지원시스템 홈페이지(http://seoji.nl.go.kr)와 국가자료공동목록시스템(http://www.nl.go.kr/kolisnet)에서 이용하실 수 있습니다.(CIP제어번호: CIP2020009806)